Vögel füttern — aber richtig

PETER BERTHOLD
GABRIELE MOHR
UNTER MITARBEIT
VON BÄRBEL OFTRING

DAS GANZE
JAHR FÜTTERN,
SCHÜTZEN UND
SICHER BESTIMMEN

KOSMOS

Inhalt

LIEBE VOGELFREUNDE!

Mit den neuen Auflagen von „Vögel füttern – aber richtig“ erhalten Sie in Layout und Inhalt ein weitgehend neues Buch – im Einzelnen:

- Der gesamte Text wurde überarbeitet.
- Die Situation unserer Vogelwelt seit 1800 wird dargestellt, ebenso der allgemeine Artenrückgang in aller Welt, seine Ursachen und Möglichkeiten, ihn noch zu stoppen.
- Die Bedeutung des Zufütterns von Vögeln als Artenschutzmaßnahme wird klar herausgearbeitet.
- Die Bedürfnisse unserer Vögel im Jahresverlauf – insbesondere ihr Energiebedarf – werden dargestellt.
- Die wissenschaftlichen Grundlagen des Vogelfütterns und die Fülle an durchweg positiven Forschungsergebnissen werden zusammengefasst.
- Alle Aspekte der Praxis vom Fütterungsplan über Futterspender, Futtermittel, Hygienemaßnahmen bis zu rechtlichen Grundlagen und Vogelschutzmaßnahmen vor allem im Garten werden umfassend behandelt.
- Nahezu alle an Futterstellen zu erwartenden Vogelarten werden in Wort und Bild zur sicheren Bestimmung dargestellt.

Auch die 4. Auflage von „Vögel füttern …“ wurde in Rezensionen wieder durchweg positiv bewertet (sogar als „in brillanter Sprache“ verfasster „Klassiker“, Ornithol Beob bzw. Freizeit-Illustrierte 2017). Aber nach fünf Jahren gibt es triftige Gründe für eine Neuauflage:
1. sind zwei Meilenstein-Veröffentlichungen erschienen, die die Ganzjahresfütterung auf fundamentale Säulen stellen, sozusagen unerschütterlich machen. Sie werden mit weiteren Neuigkeiten ab Seite 172 behandelt.
2. konnten wir eine Mitautorin gewinnen – Bärbel Oftring –, für unser Buch bestens qualifiziert: Diplom-Biologin und wiederholt ausgezeichnete Publizistin, mit breitem, auch einschlägigem Fachwissen, u. a. Autorin des 2019 erschienenen Fachbuchs über „Vogelfutterpflanzen aus Natur und Garten“, und zudem hat sie unser Buch seit der 1. Auflage als Lektorin hervorragend mitgestaltet. Sie ist im Autorenteam der „Jungbrunnen“, der in Zukunft die Fortführung dieses Ratgebers bei Kosmos sichern wird.
3. sind inzwischen wieder Hunderte von Arbeiten erschienen, die die Fütterung freilebender Vögel betreffen und ab Seite 176 behandelt werden. Das gilt auch für leider neue Vogelkrankheiten.
4. Weitere dramatische Umweltverschlechterungen – vor allem Waldsterben – verlangen Gegenmaßnahmen.
Auch wer schon die 4. Auflage besitzt, sollte sich die 5. unbedingt besorgen – sie enthält viele neue hilfreiche Informationen.

Wir wünschen allen Lesern (weiterhin) viel Freude und Erfolg mit unserem Buch und freuen uns wieder auf Kommentare und anderes mehr.

April 2021
Peter Berthold, Gabriele Mohr und Bärbel Oftring

FÜTTERN MACHT FREUDE

Was ist es für eine Freude für Alt wie Jung und gerade auch für viele, die nicht mehr in die Natur hinauswandern können, im Winter in der warmen Stube zu sitzen und draußen am Futterhaus einer bunten Schar unserer gefiederten Freunde zuzuschauen, wie sie behände klettern, sich kopfüber an Meisenknödel oder Erdnussspender hängen und sich gütlich tun. Wenn man so viele von ihnen auf einmal sieht – all die Meisen, Finken und Ammern, Kleiber und Buntspecht, Rotkehlchen und Heckenbraunelle und im zeitigen Frühjahr die ersten Stare –, dann kann man sogar für eine Weile vergessen, wie entsetzlich unsere einst so herrliche artenreiche Vogelwelt inzwischen in unserer gebeutelten Natur zusammengeschrumpft ist. Und Freude kommt auf, wenn man sich vorstellt, wie die in eisiger Kälte lebenden Vögel das von uns angebotene Futter dankbar annehmen als Ersatz für das, was wir ihnen in unseren ausgeräumten Landschaften an Nahrungsgrundlage inzwischen alles weggenommen haben, und dass sie gottlob auch mit unserem Ersatzfutter durch die bitterkalten Winternächte kommen können.

Für viele von uns gänzlich unverständlich ist in letzter Zeit die Vogelfütterung so manchem vermiest worden durch Behauptungen, sie sei nicht nur unnötig, sondern häufig sogar bedenklich oder gar tödlich gefährlich. Das hat viele gutherzige Menschen verunsichert und große Ratlosigkeit hervorgerufen. Nun hat mein Freund und Mitstreiter in Sachen Naturschutz, Prof. Dr. Peter Berthold, sich der Sache angenommen. Als ehemaliger Direktor des Max-Planck-Instituts für Ornithologie, der Vogelwarte Radolfzell, ist er wie kaum ein anderer dazu berufen, die Probleme der Vogelfütterung zusammen mit seiner Frau ins rechte Licht zu rücken, zumal sie sich jahrzehntelang mit der Ernährung unserer Vögel, Bestandsveränderungen und praktischen Vogelschutzfragen intensiv beschäftigt haben. So ist ein wunderbares Buch entstanden, das auf den heute verfügbaren wissenschaftlichen Grundlagen aufbaut und eindeutig zeigt: Vogelfütterung – sowohl als Winterfütterung und besser noch als Ganzjahresfütterung – leistet, verantwortungsvoll durchgeführt, einen überaus wertvollen Beitrag zum Vogelschutz und zum Erhalt unserer Artenvielfalt. Deshalb wird die Heinz-Sielmann-Stiftung künftig auch die Vogelfütterung nachhaltig unterstützen.

Der vorliegende Ratgeber möge zweierlei bewirken: zum einen gutherzige Menschen in ihrem Bestreben, Vögeln durch Fütterung zu helfen, von ihren guten Taten wieder voll und ganz zu überzeugen und zum anderen für die Vogelfütterung und über sie viele neue Freunde der Natur zu gewinnen, damit wir das noch Vorhandene davon gemeinsam nachhaltig schützen und vielleicht sogar wieder vermehren können.

Herzlich
Ihr Heinz Sielmann

Vorwort von Heinz Sielmann zur 1. Auflage dieses Buches, 2005

VÖGEL FÜTTERN

— *wichtige Überlebenshilfe*

VÖGEL FÜTTERN – HEUTE ÜBERLEBENSWICHTIG

Als das Füttern wildlebender Vögel bei uns vor mehr als 200 Jahren gebräuchlich wurde, war es eigentlich unnötig. Vielleicht entwickelte es sich seinerzeit als Ausdruck einer gewissen Barmherzigkeit oder auch schlechten Gewissens, wenn man etwa im Winter allzu aufdringliche Spatzen vom Hühnerhof verjagte und damit in den Hunger trieb. Dabei hatten damals die meisten Vögel in noch weitgehend natürlichen Lebensräumen voller Insekten, mit Samen tragenden Kräutern und Stauden und reich mit Beeren behangenen Büschen überall ihr Auskommen. Zudem konnten Ausfälle in harten Wintern in der weitgehend intakten Natur bald wieder ausgeglichen werden.

Das traf auch noch überwiegend zu, als das Füttern um 1900 allmählich volkstümlich wurde. Dass es sich dann in einer Art Volksbewegung etablierte, hatte vor allem drei Gründe: Viele der sich der Natur durch Verstädterung entfremdenden Menschen erfreute es, wenn sonst scheue Vögel im Winter bis vor die Fensterscheiben an Futterstellen kamen und sich dort in aller Ruhe beobachten ließen. Lehrer und Erzieher erkannten den hohen Bildungswert von Futterhäuschen zur Bestimmung der diversen Vogelarten und fügten das Vögelfüttern (wie auch das Nistkästenbauen) flugs in ihre Lehrpläne ein. Und nicht wenige begannen auch damals schon Vögel zu füttern, weil sie das Gefühl hatten, damit der im Winter „notleidenden Kreatur" Gutes zu tun als Ausgleich für das, was wir ihnen durch Vernichtung ihrer Lebensgrundlagen mehr und mehr wegzunehmen begannen.

Ab den 1960er-Jahren hat das Zufüttern wildlebender Vögel einen ganz neuen Stellenwert bekommen: Es ist inzwischen – wie gezeigt wird – für viele Arten und Individuen absolut notwendige Überlebenshilfe geworden, wenn wir zumindest Restbestände vieler Vogelarten erhalten wollen.

Durch die Intensivierung der Landwirtschaft, die weitgehend Züge marodierenden Raubbaus angenommen hat, wird die „Kultur"-Landschaft bis auf Monokulturen von Nutzpflanzen regelrecht ausgeräumt, „Un"-Kräuter und „Un"-Geziefer werden mit Bioziden exterminiert, und was dieser Holocaust an Lebensraum und vor allem Nahrung für Vögel nicht beseitigt, besorgen zudem Überbauung, Verkehr, Lichtverschmutzung, grenzenlose Freizeitaktivitäten und ähnliches. Einiges davon wird hier näher behandelt. Wer sich jedoch für die ganze Bandbreite dieser Faktoren interessiert, dem empfehlen wir das Buch von Peter Berthold, das 2017 erschien unter dem Titel „Unsere Vögel – warum wir sie brauchen und wie wir sie schützen können – Jeder Gemeinde ihr Biotop“[33].

Nachdem die Ernährungssituation für viele Vögel inzwischen so prekär geworden ist, dass sie zumindest ihre Jungen nicht mehr erfolgreich aufziehen können (siehe Seite 19), hat Zufüttern nichts mehr mit Gefühlsduselei zu tun, sondern ist, wie wir sehen werden,

— ein absolut notwendiger, wertvoller und erfolgreicher Beitrag zum Arten- und damit zum Naturschutz,
— die derzeit einzig mögliche wirkungsvolle Soforthilfe für unsere Vögel und
— eine moralische Verpflichtung für jeden, der begriffen hat, dass wir intakte Natur und Artenvielfalt zum Überleben ebenso brauchen wie Nahrung, Wasser und Luft aus sauberer Umwelt.

Dass wir dabei von Ganzjahresfütterung sprechen – wie sie in aller Welt von England über Australien, Asien, Südafrika und die USA seit Jahrzehnten praktiziert wird –, und nicht nur von kärglicher Winterfütterung, versteht sich eigentlich von selbst. Zweifel daran werden vergehen, wenn klar wird, dass unseren Vögeln inzwischen Nahrung rund ums Jahr fehlt und dass ihr Energiebedarf im Sommerhalbjahr am größten und deshalb die Zufütterung zu dieser Zeit wichtiger ist als im Winter.

Heutzutage gibt es neben Futterhäusern allerlei Futtersilos, mit denen sich viele Vogelarten gut versorgen lassen.

Es wäre sicher reizvoll, einmal in einem Fotowettbewerb festzuhalten, welche Akrobatik Buntspechte und andere Arten zum Futter führt.

DER DRAMATISCHE RÜCKGANG DER VOGELWELT

80 % WENIGER VÖGEL SEIT 1800

Die „galoppierende Schwindsucht", in der Vogelbestände in Deutschland und aller Welt derzeit schrumpfen, hat viele aufgeschreckt. Die jüngste Bilanz für unser Land: Seit 1800 ist die Siedlungsdichte von Vögeln in Deutschland um 80 % zurückgegangen! Wo früher einmal zehn Vögel gesungen haben, hört man heute nur noch zwei. Und niemand kann sagen, wie lange sie noch singen werden. Damit hat der „leise" Frühling längst Einzug gehalten und der „stumme"[52] steht nicht weit vor der Tür. Dazu detaillierte Angaben: Von den 268 Brutvogelarten Deutschlands sind zehn bereits ausgestorben, 141 oder 55 % nehmen im Bestand ab, 44 oder 17 % sind in etwa stabil und 73 oder 28 % haben (wieder) zugenommen. Bei den zurückgehenden Arten betrug die Bestandsabnahme in den letzten 25 Jahren bei 20 Arten mehr als 50 %, bei 36 Arten über 20 %. Diese Zusammenbrüche betreffen auch einst so kommune Arten wie Kiebitz, Schwalben, Feldlerche, Star, Sperlinge, Stieglitz oder Hänfling. Bedauernswerte Rekordhalter sind Rebhuhn und Seggenrohrsänger mit rund 95 % Abnahme seit 1950. In Zahlen bedeutet das: Von einst Millionen von Rebhühnern in unseren Feldfluren sind gerade ein paar Zehntausend übriggeblieben – bei dieser Art hat der Holocaust den Völkermord eingeläutet[33, 97]. Wie konnte es so weit kommen?

TROTZ FRÜHWARNUNG: HALBHERZIGE REAKTIONEN

Bis gegen 1800 war die Welt für unsere Vögel weitgehend in Ordnung. Die menschliche Landnahme hatte ab dem Mittelalter die artenarmen nacheiszeitlichen Wälder – mit nur rund 50 Vogelarten selbst in größeren Gebieten – aufgelockert und mit Feldern, Wiesen, Weinbergen usw. in eine strukturreiche Mosaiklandschaft verwandelt. In sie wanderten viele neue Tier- und Pflanzenarten aus Süden und Osten ein, bei den Vögeln Ammern, Lerchen und viele weitere Offenlandbewohner, was zur Blütezeit des Artenreichtums in unserem Land führte[24, 34]. In jener Zeit extensiver Landwirtschaft mit Feldern voller Wildkräuter, Brachflächen (Dreifelderwirtschaft), üppig blühenden Wiesen reich an Schmetterlingen, Wildbienen usw. konnte sich die Anzahl der Vogelarten etwa verdoppeln, und alle hatten zusammen mit uns ihr Auskommen.

Eine typische intensiv genutzte Wiese: keine Rede mehr von einem Meer bunter Blüten voller Insekten, und ob die Gräser die Samenreife erreichen, ist fraglich – hier gibt's für Vögel kein Futter.

Aber bald kam die Wende. Bereits 1849 – so früh wie in keinem anderen Land – prangerte der Altmeister der Vogelkunde, Johann Friedrich Naumann, in seiner „Beleuchtung der Klage: Über Verminderung der Vögel in der Mitte von Deutschland"[162] den bereits „starken" Rückgang vieler Vogelarten an – bedingt v. a. durch Intensivierung der Landwirtschaft und beginnende Industrialisierung. Bald danach setzte Aktionismus ein: von staatlicher Seite Schutzverordnungen wie z. B. 1888 das „Reichsgesetz zum Schutze von Vögeln", von privater Seite die Gründung von Schutzverbänden (1899 „Deutscher Bund für Vogelschutz", heute NABU), dann die Entwicklung einer Naturschutzideologie, die 1935 zum „Reichsnaturschutzgesetz" und inzwischen zur Einrichtung von fast 10 000 Naturschutzgebieten führte. Dabei entwickelte sich ein Wettlauf zwischen einerseits immer mehr Bestandsrückgängen bei Tieren und Pflanzen und andererseits zunehmenden Maßnahmen wie Erlassen, Gesetzen, Konventionen usw. – insgesamt Tausende, die aber nicht fruchteten. Sie arbeiten nämlich durchweg halbherzig nach dem Feuerwehrprinzip: versuchen zu löschen, wo es brennt, wurden aber nie vorausschauend präventiv.

So kam es, wie es kommen musste: Mit dem Wirtschaftsaufschwung und der Industrialisierung der Landwirtschaft gerieten wir ab den 1960er-Jahren in das Zeitalter des Artensterbens, das inzwischen katastrophale Ausmaße angenommen hat – in Deutschland wie in aller Welt.

HORRORSZENARIEN – ABER NOCH KEIN EINLENKEN

Für keine Region Deutschlands ist der Vogelrückgang nach dem Zweiten Weltkrieg besser dokumentiert als für das Dorf Möggingen am Bodensee. In dem Buch „Mein Leben für die Vögel und meine 60 Jahre mit der Vogelwarte Radolfzell" hat Berthold (2016)[32] beschrieben, wie dort bis in die 1960er-Jahre die Welt noch in Ordnung war und wie es der Vogelwarte Radolfzell nach ihrer Umsiedlung aus Rossitten 1946 ein Paradies mit unglaublich reichhaltiger Vogel-, Tier- und Pflanzenwelt bescherte. Die akribischen Aufzeichnungen der Vogelwartemitarbeiter ermöglichten eine einmalige Analyse der Bestandsentwicklungen von 1946 bis 2003[26], die ergab: Von ehemals 110 Brutvogelarten sind 35 % ganz verschwunden oder brüten nur noch unregelmäßig, weitere 20 % nahmen im Bestand ab, und nur etwa 10 % zeigten Bestandszunahme oder haben sich neu angesiedelt. Auf einer Probefläche von 4 km²[24] war die Individuenzahl von ursprünglich rund 3300 Vögeln auf 2100 zurückgegangen und die Vogel-Biomasse von einst ca. 240 kg auf nur noch 150 kg. Hauptursache war damals schon starke Abnahme der verfügbaren Nahrung – bei Heuschrecken und Wildkräutersämereien von etwa 90 %. Derzeit verschwinden weitere Brutvögel aus Möggingen: Rauchschwalbe, Gartenrotschwanz und Grauschnäpper, und weitere werden folgen.

Einen derartigen Vogelschwund von rund 1 % pro Jahr hatte auch die von der Vogelwarte Ra-

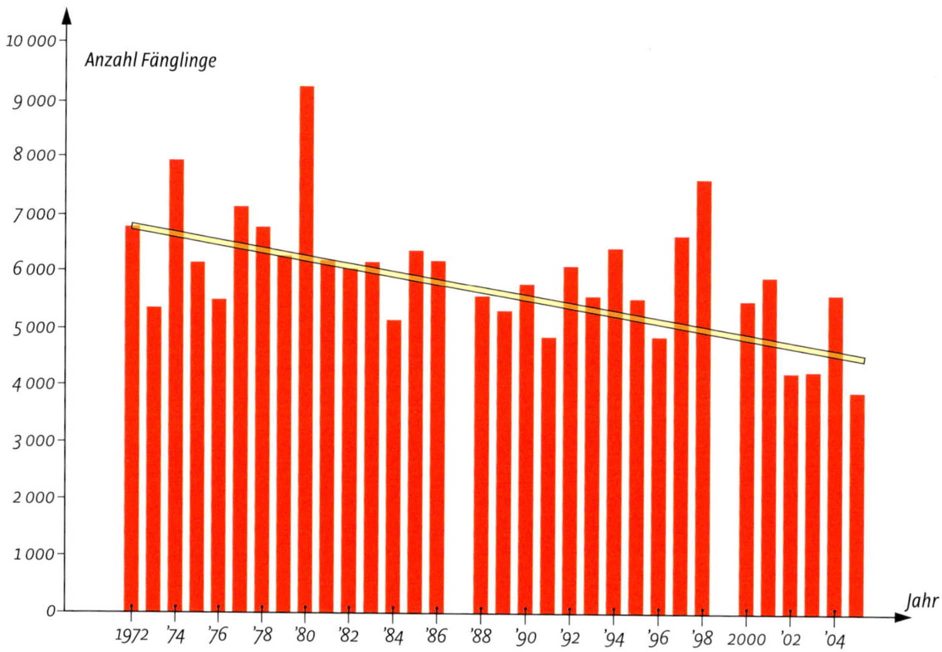

Fangzahlen von 35 Vogelarten der Bodensee-Fangstation der Vogelwarte Radolfzell: Die Gerade zeigt eine jährliche Abnahme von rund einem Prozent an.

dolfzell von 1972 bis 2005 durchgeführte „Volkszählung" an 35 Kleinvogelarten aufgedeckt[21, 27]. Obwohl sie bereits 1987 unter dem Motto „Der stille Einzug des ‚stummen Frühlings'" zu einer ausführlichen Pressemitteilung der Max-Planck-Gesellschaft führte, über die fast alle Zeitungen in Deutschland berichteten[33], blieben wirksame Maßnahmen zur Eindämmung des Artensterbens aus. Der schleichende Verlust der Biodiversität wurde „übersehen" wie alle sich anbahnenden katastrophalen Ein- und Umbrüche in unserer Umwelt: Klimaerwärmung, Wasserverknappung, Überfischung der Weltmeere usw. Die Gründe dafür liegen im Verhalten unserer egozentrischen Homo-horribilis-, Homo-imperfectus- und Homo-suizidalis-Gesellschaft[33]. Viele Bürger sind der Meinung, sie könnten doch nichts dagegen ausrichten, Politiker – fast durchweg eingebuttert in Wohltaten von Lobbyisten – haben nahezu immer „Wichtigeres" zu tun, als für Umweltzwecke einschneidende Maßnahmen zu verhängen, die Wählerstimmen und damit ein angenehmes Leben kosten, Bio-Wissenschaftler forschen zumeist lieber weiter, um noch „genauere" Unterlagen zu bekommen, als sich durch Anklagen unbeliebt zu machen, und selbst die Naturschutzverbände gefallen sich zumeist mehr im Feiern kleiner Teilerfolge als wirkungsvollen Feldzug gegen die Naturvernichtung zu führen, vor allem auch, um Zuschüsse und Privilegien nicht zu gefährden. So kam es, dass selbst „Allerweltsarten" wie die einst als Pestvögel verfemten Spatzen heutzu-

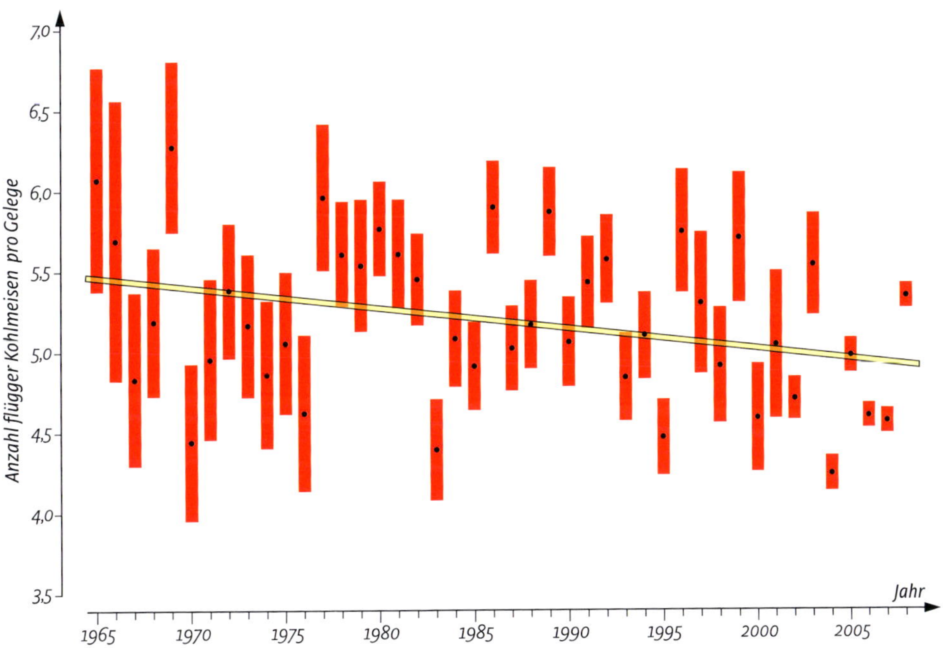

Seit 1965 nimmt auch bei der häufigen Kohlmeise der Bruterfolg in England langsam, aber stetig ab. Ursache dafür ist vor allem Futtermangel: Für die Aufzucht fehlen mehr und mehr die Insekten.

01

tage dahinschrumpfen, sodass wir derzeit für keine einzige Vogelart mehr sagen können, ob sie in einigen Jahrzehnten noch bei uns heimisch sein wird.

ALLERWELTSARTEN VERSCHWINDEN: NOCH KEIN ALARM

Hätte man vor 100 Jahren gefragt: Wenn die in Millionen von Individuen in unserem Land vorkommenden „Allerweltsarten" wie Rebhuhn, Star, Rauchschwalbe, Feldlerche und Spatz aus unserer Umwelt „verschwänden" – würde dann ein Aufschrei nach besserem Naturschutz aus der Bevölkerung kommen, hätten die meisten mit Sicherheit geantwortet: Die Frage ist unsinnig, aber wenn – dann ja, natürlich, absolut! Heute ist es bald soweit – alle die genannten Arten haben seither um 70 % und mehr im Bestand abgenommen, wurden noch bis in die 1960er-Jahre als Schädlinge an ihren Schlafplätzen mit Dynamit in die Luft gesprengt (Stare) oder bis in die 1970er-Jahre massenweise vergiftet (Sperlinge), ihre Bestände nehmen außerdem weiter z. T. rapide ab, und es ist völlig offen, wie lange manche Arten bei uns überhaupt noch vorkommen werden. Völkermord an Vögeln ist das, was z. Z. vor unser aller Augen geschieht, und dennoch: nichts wirklich Einhalt Gebietendes passiert. Unsere „Verantwortlichen" sprechen von „Biodiversitätskrise", das Bundesumweltministerium hat 2015 eine „Naturschutz-Offensive 2020" gestartet, die genauso wie alles andere Bisherige verpuffen wird[33]. Und dabei haben sie es zunehmend leichter: Unsere Heranwachsenden kennen größtenteils gar keine Rebhühner, Stare oder Feldlerchen mehr und jammern daher auch gar nicht um deren Verlust. Und wir in den Erzie-

02

03

hergenerationen lassen sie in dem Glauben, dass sie all diese Arten und Artenvielfalt gar nicht brauchen, solange sie Essen, Kleidung, Freizeitgestaltung und – wenn's sein muss – auch Arbeit haben. So ist das Dahinsterben von Allerweltsarten zwar katastrophal, aber noch lange nicht Katastrophe genug, um an Leib und Leben zu erfahren, wie sehr unser aller Überleben von Artenreichtum einschließlich vieler Vögel abhängt[33]. Und deswegen sind auch von unseren „Verantwortlichen" noch lange keine Durchbrüche zu erwarten (wie bei der Verabschiedung von der Kernenergie in Deutschland, wozu mehrere Katastrophen verholfen haben). Was somit bleibt ist Selbsthilfe, und zwar von möglichst vielen von uns und so bald wie möglich. Bevor die aussichtsreichsten Wege dafür aufgezeigt werden, zunächst noch ein Blick über die Vögel hinaus.

01 *Mit zunehmender Verstädterung erscheinen auch Ringeltauben – unsere größten heimischen Wildtauben – an Futterplätzen.*

02 *Das Rebhuhn – einst zu Millionen in unseren Feldfluren – steht jetzt kurz vor dem Aussterben. Intensive Landwirtschaft hat es praktisch aus ihrem Lebensraum regelrecht „herausgehungert".*

03 *Unsere Feldlerchen nehmen dramatisch im Bestand ab – vielleicht gelingt es im Laufe der Zeit, ihnen an Futterstellen im Außenbereich zu helfen.*

ARTENSCHWUND BEI ALLEN MITLEBEWESEN IN ALLER WELT

DIE „ROTEN LISTEN": ABGRÜNDE TUN SICH AUF

Seit den 1970er-Jahren werden gefährdete Arten systematisch in sogenannten „Roten Listen" erfasst. Und da Bestandsrückgänge bei Tieren und Pflanzen rasant Fahrt aufnahmen, hat Jedicke ihre Flut – über 350! – bereits 1997 für Deutschland in einem gut 580 Seiten dicken Buch „Die Roten Listen – Gefährdete Pflanzen, Tiere, Pflanzengesellschaften und Biotoptypen in Bund und Ländern"[118] zusammengefasst. In seiner Übersicht – „wie ein Bericht aus einem Gruselkabinett"[33] – reichten die Prozentsätze gefährdeter Arten damals von 90 % bei Armleuchteralgen über 86 % bei Reptilien, 72 % bei Fischen, 67 % bei Amphibien, rund 60 % bei diversen Insekten, Flechten und Säugetieren und über etwa 50 % bei Vögeln, Schnecken, Muscheln und Moosen bis zu etwa 30 % bei Pilzen, Farn- und Blütenpflanzen. Heute – 20 Jahre später – sind die Listen allesamt länger geworden, sie sind röter denn je, und bei keiner der von Biologen klassifizierten Gruppen gelang es, den Artenrückgang zu stoppen oder gar umzukehren. Bescheidene Erfolge gibt es nur bei einzelnen Arten wie etwa Biber, Wolf und Luchs, für Vögel siehe unten.

Eine Übersicht über die gesamte Biosphäre der Erde geben die „Roten Listen" der IUCN (Weltnaturschutz-Union), die jedes Jahr auf den neuesten Stand gebracht werden. Dafür erfassen Zehntausende von Experten weltweit fortlaufend Daten stichprobenartig von an die 100 000 Tier- und Pflanzenarten, bei den Vögeln werden von BirdLife International alle rund 10 000 Arten einbezogen. Das Hauptergebnis: Weltweit sind z. Z. rund 40 % aller bekannten Tier- und Pflanzenarten im Fortbestand gefährdet, mit Jahr für Jahr zunehmender Tendenz. Die Befürchtung vieler Biologen lautet: Bis etwa 2030 könnte etwa jede fünfte bekannte Art auf der Erde aussterben, bis 2050 sogar jede dritte. Das einst im Naturschutz vorbildliche Deutschland liegt inzwischen im Hinblick auf den weltweiten Artenrückgang mit seinen Nachbarländern in einer Region mit überdurchschnittlichem Ausmaß[33].

FATAL FÜR VÖGEL: DAS WEGSTERBEN DER INSEKTEN

„Seht die Vögel, sie arbeiten nicht, sie mühen sich nicht ab, und Gott ernährt sie doch" (Matthäus 6, 26 ff) – das war einmal!

Ältere Autofahrer erinnern sich: Wenn man bei uns bis in die 1960er-Jahre im Sommer mit dem Auto unterwegs war, musste man spätestens beim Tanken die Windschutzscheibe gründlich reinigen – sie war regelmäßig zugekleistert durch Unmengen von aufgeprallten Insekten. Heute ist das kein Thema mehr. Ebenso sind die Myriaden von Fliegen, die früher Kuhställe und Küchen auf Bauernhöfen bevölkerten, Geschichte. Und wenn man bis gegen 1970 an Sommerabenden Licht im Zimmer anknipste, bevor die Fenster geschlossen wurden, tanzten im Nu Nachtfalter um die Lampen, heute erscheint meistens kein einziger mehr. Ebenso umschwirrten abends Insektenschwärme die Straßenlampen, um die herum oft Fledermäuse und Igel Beute machten – heute kaum noch vorstellbar. Insekten haben demnach stark abgenommen – und nicht nur Schmetterlinge über den heutzutage meist blumenlosen Wiesen. In der Tat! 2015 teilte der Entomologische Verein Krefeld Ergebnisse mit, die Mitarbeiter in Nordrhein-Westfalen zwischen 1989 und 2014 an über 80 Probestellen ermittelt hatten: In nur 25 Jahren Rückgang der Biomasse der untersuchten Fliegen, Falter, Bienen, Wespen, Käfer, Heuschrecken usw. um bis zu 80 % – katastrophal, nahezu unfasslich!

Viele weitere Untersuchungen zeigen, dass diese Größenordnung des Insektensterbens inzwischen auf unser ganzes Land zutrifft. Wie gravierend der weltweite Insektenschwund inzwischen fortgeschritten ist, lassen Buchtitel erahnen wie „Unsere Welt ohne Insekten? – Ein Teil der Natur verschwindet“.[145] Das damit

Dieser Mittelspecht wurde mit Fettfutter in einer Rindenspalte angelockt.

Der altbewährte Meisenring – hier mit Blaumeise – aus den Anfängen der Vogelfütterung ist nach wie vor beliebt.

01

02

03

01 Kohlmeisen-Männchen mit Insekten: Auch bei diesen robusten Allesfressern sterben jetzt häufig die Jungen im Nest wegen Futtermangel.

02 Gartenrotschwanz-Weibchen mit Insekten: Glück gehabt – vielerorts finden Vögel heute nicht mehr ausreichend Insekten für die Aufzucht.

03 Stieglitze oder „Distelfinken" an Sumpfkratzdistel: Wie viele Stieglitze bekommen heute kaum noch Disteln zu Gesicht und suchen mühsam Ersatzfutter!

verbundene Bienensterben lässt erste Überlebensängste für die Menschheit aufkommen: Bestäubung von Nutzpflanzen von Hand – wie bereits in Kalifornien und China praktiziert – dürften kaum ausreichen, um künftig Milliarden von Menschen zu ernähren. Ein Teil der Hauptursachen des Insektensterbens wäre schwer zu beheben: Lichtverschmutzung, Klimaerwärmung, Zunahme von Krankheiten, ein anderer eher: die Anwendung besonders gefährlicher Biozide wie der Neonikotinoide. Viel-

leicht werden uns Katastrophen im Bereich der menschlichen Ernährung bedingt durch fortschreitendes Bienensterben dazu verhelfen, diese Killer-„Neonics“ aus der Landwirtschaft wieder loszuwerden wie einst das DDT[33].

Für uns ist festzuhalten: Durch Verschiebungen des Auftretens bestimmter Insekten infolge der Klimaerwärmung und wegen des inzwischen akuten Insektenmangels geht Vögeln zunehmend ihr Futter aus. Sie müssen v. a. bei der Jungenaufzucht „sparen“, haben Probleme Eier auszubilden oder brüten gar nicht mehr[33, 92] – und damit geht der Bruterfolg bei vielen Arten laufend zurück (in Großbritannien bei 21 von 24 Arten[8], aber auch in Deutschland, soweit Untersuchungen vorliegen[150], und selbst bei Arten wie der Kohlmeise (Abbildung Seite 13)[95, 132]. Da bekommt Zufütterung unserer Vögel im Sommer ganz neue hochgradige Bedeutung!

... UND EBENSO: DER VERLUST AN SÄMEREIEN

In der letzten Auflage von „Vögel füttern ...“ hatten wir dargelegt: Allein in den Weizenfeldern Deutschlands sind seit den 1950er-Jahren rund eine Million Tonnen an Sämereien von Wildkräutern verloren gegangen – ausgerottet durch Herbizide. Rechnet man die entsprechenden Verluste an Wildkräutersamen in Mais-, Gerste-, Hafer- und sonstigen Getreidefeldern sowie Kartoffel-, Rüben- und anderen Äckern hinzu, beträgt die Menge etliche Millionen Tonnen. Dazu kommt, dass früher Gräser und Blütenpflanzen in den Wiesen Samen ausbilden konnten, da sie damals vielfach nur zweimal im Jahr (zur Heu- und Öhmdgewinnung) geschnitten wurden. Deshalb konnten seinerzeit die sogenannten „Heublumen“ (das übrig gebliebene Feinmaterial auf den Heuböden) sowohl zur Neuansaat von Wiesen als auch als Vogelfutter verwendet werden. Auch davon ist durch das bis zu fünfmalige Mähen der Wiesen im Jahr fast nichts übriggeblieben. Was für ein Nahrungsverlust für Vögel wie Rebhühner, Ammern, Lerchen u. a.! Setzt man für alle Feldfluren und Wiesen Deutschlands bis gegen 1950 insgesamt nur 10 Millionen Tonnen Wildkräuter- und Grassamen pro Jahr an, dann hätten bei den 300 Millionen Vögeln, die damals unser Land noch besiedelt haben, für jeden Vogel reichlich 30 kg Sämereien als potenzielles Futter zur Verfügung gestanden! Heute liegt dieser Wert nahe bei null. Auch daraus ist für jedermann ersichtlich, wie sehr Zufütterung unserer Wildvögel inzwischen nottut!

Ein weiterer Verlust ist zu beklagen: Bis in die 1980er-Jahre unterhielt die Jägerschaft Zehntausende von Futterschütten für Fasane und Rebhühner im Land, die auch von vielen Kleinvögeln genutzt wurden. Mit dem flächendeckenden Wegsterben dieser Arten ist auch diese Quelle fast völlig versiegt.

LÄSST SICH DER ARTEN-RÜCKGANG STOPPEN?

ANALYSE DER URSACHEN

Um abschätzen zu können, ob sich nach 200 Jahren Dauermisere der Artenrückgang doch noch stoppen ließe, müssen die Ursachen der Biodiversitätskrise genau analysiert werden. Zweifellos ist das Hauptübel für die Rückgänge die Massenvermehrung des Menschen – und die ist nicht umkehrbar. Aber viele Menschen müssen nicht per se Mitlebewesen verdrängen, wie ein Vergleich der Großräume China (geringe Biodiversität) und Indien (großer Artenreichtum) zeigt[33]. Entscheidend für Artenreichtum ist vielmehr unser Umgang mit der Natur. Die schlimmsten Faktoren für den Rückgang sind direkte Verfolgung, v. a. durch übermäßige Nutzung (etwa die Überfischung der Meere, Wilderei in reduzierten Tierbeständen usw.), intensive Landwirtschaft auf der Basis reiner Monokulturen, Verbauung und Verkehr, Umweltverschmutzungen und Freizeitaktivitäten. Das sind Schwergewichte, die sicher nicht einfach zu „beheben" sind[33].

Hilfreich könnte sein zu erkunden, welche Arten in unserer für Mitlebewesen schwierigen Zeit nicht im Bestand ab-, sondern zunehmen und wo genau deren Vorteile liegen. Bei den Brutvögeln Deutschlands sind es z. Z. 73 Arten (28 %), deren Bestände ansteigen. Dabei handelt es sich v. a. um vier Gruppen von Arten:

1. einige Greifvögel wie z. B. Seeadler, Wanderfalke und Uhu, die von nachlassender Verfolgung, Ausbürgerung, Horstbewachung, günstigem Nahrungsangebot einschließlich Zufütterung u. a. profitieren,
2. Wasservögel wie Schwäne, Gänse- und Entenarten, die u. a. von der Zunahme an pflanzlicher Biomasse im Zuge der Intensivierung der Landwirtschaft und der Klimaerwärmung begünstigt werden,
3. „Allesfresser" wie Möwen und Rabenvögel, denen Abfälle unserer Wohlstandsgesellschaft zugutekommen sowie
4. Neozoen und Zuwanderer, die günstige Nischen der heutigen Umwelt nutzen können.

Die meisten dieser Arten profitieren von günstigen Ernährungssituationen, die ihnen menschliche Umweltveränderungen bieten. Am schlechtesten sind diejenigen Vogelarten dran, die überhaupt oder für die Jungenaufzucht stark von Insekten abhängig sind und zudem als Zugvögel mit einer ganzen Reihe von Lebensräumen zurechtkommen müssen.

Ein offenes Futterhaus im Landhausstil – beliebt bei Feldsperlingen und vielen anderen Arten – muss vor Regen und Schnee sicher stehen.

RE-ÖKOLOGISIERUNG: EINE UTOPIE

Immer wieder fordern Umweltschützer, man müsse „einfach" die Landwirtschaft wieder reökologisieren, dann würde sich bald wieder Artenvielfalt einstellen. Das ist zwar richtig (wie das Beispiel „Land des Friedens" zeigt[33]), aber völlig utopisch. Der große Druck auf unsere Feldfluren, an Lebensmitteln herauszuwirtschaften, was nur möglich ist, hat sich weiter erhöht durch die Energiewirtschaft, die nun ebenfalls Böden zur Bioenergieproduktion beansprucht. Und dieser Druck wird weiter steigen, allein schon dadurch, dass wir bei weiter zunehmender Weltbevölkerung jährlich rund 0,5 % der weltweit verfügbaren Anbauflächen durch Überbauung, Erosion, Versalzung sowie Meeresspiegelanstieg verlieren[47]. Und selbst wenn ganz Deutschland zu nachhaltiger (biologisch-dynamischer) Landbewirtschaftung zurückkehren würde, bliebe die immer noch so intensiv, dass sich die Artenvielfalt unserer Feldfluren nur mäßig erholen könnte, wie viele Beispiele zeigen[55]. Abgesehen davon, dass derartige Entwicklung nicht zu erwarten ist, würde sie Jahrzehnte dauern – für viele Arten zu lange, um zu überleben. Nach mehr als 30 Jahren angestrengten Nachdenkens und Ausprobierens sehen wir derzeit drei mögliche Maßnahmen, mit denen wir vielen Tier- sowie Pflanzenarten zum Überleben verhelfen können – mittelfristig, kurzfristig und sofort.

1. HILFE MIT LÄNGEREM ANLAUF: EIN NEUER BIOTOPVERBUND

Da eine Reökologisierung unserer landwirtschaftlich genutzten Flächen („zurück zu naturnaher Kulturlandschaft") aus genannten Gründen nicht mehr realisierbar ist, haben Peter Berthold und Mitarbeiter 1988[22] ein neues Konzept zum Erhalt und zur Wiederbelebung der Artenvielfalt vorgeschlagen: die Schaffung neuer Biotope im Umfeld aller Gemeinden Deutschlands durch Renaturierung von ca. 10 % der Fläche, wodurch ein Biotopverbund mit über 10 000 neuen Siedlungen für wildlebende Tiere und Pflanzen entstünde. Um das Konzept zu testen, wird ab 2004 in einem Großversuch der „Biotopverbund Bodensee" auf über 500 km² Fläche geschaffen. Die inzwischen über 130 fertiggestellten Projekte zeigen verblüffende Erfolge, hohe Akzeptanz in der gesamten Öffentlichkeit und sind damit Schrittmacher für eine bundesweite Kampagne, die 2017 unter dem Motto „Jeder Gemeinde ihr Biotop" angelaufen ist[33, 31]. Ein solches Projekt kostet natürlich viel Geld – über eine Milliarde Euro, das jedoch zu beschaffen ist[33]. Aber es braucht auch Jahrzehnte für seine Umsetzung. Und obwohl es den meisten unserer Arten helfen könnte, sich zu stabilisieren oder zu erholen, wird es für viele Arten zu spät kommen. Ein derartiger Biotopverbund ist für die mittlere Zukunft sicher der bestmögliche realistische Weg zum Erhalt von großem Artenreichtum, aber er erlaubt nur mäßig schnelles Vorankommen.

Mancher wird sich fragen: Brauchen wir für den Erhalt von Artenvielfalt wirklich neue Biotope in einem bundesweiten Verband – haben wir dafür nicht bereits die Naturschutzgebiete? Eigentlich ja – inzwischen in Deutschland fast 10 000 auf knapp 4 % der Landesfläche –, aber: Sie sind generell zu klein, beherbergen zu kleine, nicht überlebensfähige Populationen, liegen zu weit auseinander, werden trotz Schutzstatus viel zu intensiv genutzt, auch als Rummelplätze für die Bevölkerung, sodass ihre Benotung im Schnitt bei ungenügend liegt[33].

2. SCHNELLERE HILFE: NATURNAHE GÄRTEN

Große Hilfe für den Erhalt von viel Artenvielfalt wäre, würden die uns zur Verfügung stehenden Gärten durchweg naturnah gestaltet. Natürlich ist auch das Utopie, aber schon das denkbar Machbare ist verheißungsvoll. Würde nämlich nur ein Zehntel der rund 15 Millionen Haus- und Schrebergärten in Deutschland (insgesamt rund 15 000 km²[4] – etwa 4 % der Landesfläche) folgendermaßen ausgestattet: mit naturnaher Bepflanzung, wie später beschrieben, einer Ganzjahres-Futterstelle für Vögel, ausreichend Nisthilfen und möglichst frei von Katzen, dann könnten darin nach unseren Ermittlungen bis zu 30 Millionen Brutpaare von Singvögeln, Spechten u. a. nisten[33] – das entspricht etwa der Hälfte der derzeit in Deutschland lebenden Vogelindividuen. Eine fantastische Perspektive, die eigentlich Scharen von Vogelfreunden ermuntern sollte, ihre „Psychopathen"-Rasen in naturnahe vogel- und allgemein tierfreundliche Oasen umzugestalten. Leider dauert auch ein solcher Garten-Umbau Jahre und wird daher für viele Tiere zu spät kommen. Aber: Zu jeder Überbrückung gibt es eine Soforthilfe, wie im Folgenden beschrieben. Und bereits hier sei darauf hingewiesen, wie später belegt wird: Selbst ein noch so naturnah gestalteter Garten nützt Vögeln recht wenig, wenn er nicht eine Futterstelle mit ganzjährigem Futterangebot besitzt.

3. SOFORTHILFE: VÖGEL FÜTTERN – DAS GANZE JAHR

Da gibt es kein Wenn und kein Aber: Wer der jedes Jahr weiter schrumpfenden Vogelwelt in unserem Land erste Hilfe leisten will, kann das – selbst wenn er später mit besseren Maßnahmen aufwarten will – zunächst wirkungsvoll nur mit einer Futterstelle tun, die Vögel das ganze Jahr über mit Futter versorgt. Keine Frage: Wir erreichen damit längst nicht alle Vogelarten, manche wie Schwalben überhaupt nicht, aber sehr viele und Gott sei Dank auch (noch) recht häufige wie Meisen. Damit haben wir eine Chance, dass sie durch Zufütterung hoffentlich noch lange einigermaßen häufig bleiben. Und: Je länger Ganzjahresfütterungen betrieben werden, desto mehr Arten stellen sich ein und desto größer ist die Chance, dass sich Arten an Futterstellen gewöhnen und von ihnen zunehmend profitieren, wie z. Z. in England Birkenzeisig und Rotmilan, seit längerem Stieglitz (Seite 50) oder bei uns zunehmend Stare. Und noch eines ist wichtig: Wildlebende Vögel lassen sich auch bei bestem Futterangebot an Futterstellen nicht „durchfüttern", sondern nur bei Bedarf unterstützen (Seite 58 ff.) – jedes, auch

Trotz seiner erheblichen Körpergröße kann sich der Grauspecht auch geschickt an Meisenknödel hängen.

Kohlmeise an Erdnussfeeder – ein sehr beliebter und effektiver Futterspender

ganzjähriges, Füttern bedeutet daher immer „Zu"-Füttern.

Würden wir es schaffen, in Deutschland etwa alle zehn Kilometer eine Ganzjahresfutterstelle einzurichten, könnten wir damit mehrere Millionen Zufutter akzeptierende Vögel unterstützen, mit deutlich geringerem Abstand wahrscheinlich im Laufe der Zeit die meisten. Ein schönes, erstrebenswertes Ziel!

DIE GESCHICHTE DER FÜTTERUNG

HILFREICHE KUMPANEI

Futterbezogene Kumpanei zwischen Menschen und Vögeln hat sicher seit Urzeiten große Bedeutung gehabt. So wie heute noch Häher in nordischen Wäldern Lagerfeuer aufsuchen, um zu stibitzen, Kolkraben auch bei uns nach Schüssen von Jägern herbeieilen, um Aufbruch zu ergattern, haben Raben- und andere Vögel sicher urzeitliche Siedlungen und Jagden besucht, um Futter zu beziehen, aber auch unseren Vorfahren lästige Konkurrenten wie Bären und Wölfe angezeigt. Wann daraus systematisches Füttern wurde, wissen wir nicht, sicher jedoch schon vor vielen Jahrhunderten, und zwar zunächst vor allem zum Fang und Verzehr von Vögeln, wie viele Anleitungen zeigen[1]. So wie die Futterstelle als Anlocke zum Beutemachen startete, dienten auch die heutigen Nist-„Hilfen" zunächst als „Startopf", „Starmeste" (von mästen) zur Fleischbeschaffung für „Starensuppe" usw.[77] Wann und wo erste Futterstellen zur uneigennützigen Zufütterung von Wildvögeln entstanden, lässt sich nicht mehr ermitteln. In Großbritannien wurden mindestens seit dem 16. Jahrhundert Essensreste in Gärten gestellt, damit sie von Vögeln genutzt werden konnten[90]. Bei uns mag es ähnlich gewesen sein: Gutherzige Bäuerinnen duldeten sicher zumindest bei strengem Winterwetter nicht nur da und dort Spatzen, Ammern u. a. im Hühnerfang, sondern warfen ihnen auch mal eine extra Handvoll Körner zu, Metzger hängten Schweinenäbel und Jäger abgehäutete Fuchskerne in Bäume (die von Meisen u. a. bis auf das Skelett abgepickt wurden[106]). So mag sich das Zufüttern von Wildvögeln allmählich eingebürgert haben.

ERSTE VOLKSBEWEGUNG ZUM VOGELSCHUTZ

Regelmäßiges Vögelfüttern zu Schutzzwecken entwickelte sich erst im 20. Jahrhundert. Für Deutschland schreibt Liebe 1894[133], dass „die Winterfütterung in den letzten 20 Jahren da und dort mehr volkstümlich" geworden sei, aber noch „in ganzen Gauen" fehle. Mit dem Gewahrwerden erheblicher Bestandsrückgänge bei Vögeln, der Gründung von Tierschutzverbänden und der Entwicklung einer Naturschutzideologie begann im frühen 20. Jahrhundert auch eine Volksbewegung hin zu intensivem Vögelfüttern, das im Hinblick auf Futtermittel und -geräte „eine ganz neue Industrie" ins Leben rief, wie Hennicke 1912[105] in einem „Hand-

01

02

buch des Vogelschutzes" beschreibt, in dem er auch formuliert: Aufgabe des Vogelschutzes sei es, „den Vögeln das zu ersetzen, was ihnen durch unsere Kultur genommen worden ist".

WELTWEIT: ENTWICKLUNG ZUR GANZJAHRESFÜTTERUNG

In Deutschland hat das euphorisch auflebende Vögelfüttern bald einen Dämpfer erfahren: durch die beiden Weltkriege und die danach folgenden Zeiten von Arbeitslosigkeit, bitterer Not und vor allem Nahrungsmangel. In dieser

01 *Früher wohlbekannt – heute fast vergessen: Fuchskerne, Sauschwarten usw. locken Vögel an wie die Fliegen, bis alle Fett- und Fleischreste verzehrt sind.*

02 *Ein ägyptisches Taubenhaus, dargestellt auf einem römischen Mosaik, in dem neben Tauben auch Spatzen und andere Vögel Futter fanden*

Zeit entwickelte sich von Neuseeland über Asien, Südafrika und die USA, in denen Vögel zu füttern z. T. erst viel später als bei uns populär wurde, das Zufüttern ganz selbstverständlich zur Ganzjahresfütterung, wie z. B. das Handbuch „Feeding Wild Birds in America" von Baicich u. a. 2015[10] beschreibt. In Großbritannien – dem im Vogelschutz führenden Land Europas – hat sich die Ganzjahresfütterung trotz aller Kriegswirren ebenfalls schon bald nach dem Zweiten Weltkrieg flächendeckend etabliert. Das regte Wissenschaftler an, die Fütterung durch umfangreiche systematische, nunmehr fast 50-jährige methodische, biologisch-ökologische sowie tierhygienische Untersuchungen zu begleiten, vor allem:

— den GBFS – „Garden Bird Feeding Survey" des BTO (British Trust for Ornithology), der seit 1970/1971 die an Fütterungen auftauchenden Arten, ihre Populationsdynamik, den Futterverzehr und dessen Auswirkungen mit fast 20 000 Beobachtern untersucht[87, 217]
— den GWB – „BTO/CJ Garden BirdWatch", ein Gemeinschaftsprojekt des BTO mit dem Futtermittel-Anbieter „CJ WildBirds Foods", der v. a. das Verhalten der Vögel, aber auch Hygiene- und Gesundheitsprobleme verfolgt[48]
— das WFFB – „Winter Food for Birds"-Programm des BTO, das den Einfluss der Zufütterung von Vögeln in der offenen Landschaft erforscht[209]
— das „BirdAid Project" der RSPB (Royal Society for the Protection of Birds), das sich ähnlichen Aufgaben wie das WFFB-Programm widmet[209]
— die GBHi – „Garden Bird Health Initiative" der UFAW (Universities Federation for Animal Welfare), die mit rund 1000 Beobachtern Fragen der Hygiene von Futterstellen und eventuelle Krankheitsprobleme untersucht.[48]

Dazu kommen Hunderte von Studien, die sich mehr mit einzelnen Fragen beschäftigen; siehe unten.

IN DEUTSCHLAND: ABSURDE DIFFAMIERUNG

Auch in Deutschland setzte mit dem Populärwerden des Vögelfütterns eine Fülle von Untersuchungen ein, die zunächst vor allem Futterhäuser und -mittel betraf, auch das Fernhalten unerwünschter Arten („Antispatz"-Kampagne) und später besonders die Ansiedlung „nützlicher" Vogelarten durch Zufütterung zur „Schädlings"-Bekämpfung im Forst, Obst- und Weinbau[106, 156]. Leider hat dann ab den 1940er-Jahren die beschriebene kriegsbedingte „Delle" im Vögelfüttern deren Weiterentwicklung bei uns stark beeinträchtigt. Als Vogelschutz in Deutschland in den 1960er-/1970er-Jahren wieder auflebte, geschah Seltsames. Um wissenschaftliche Positionen zu sichern, distanzierten sich viele namhafte Ornithologen bis hin zu Vorstandsmitgliedern der Deutschen Ornithologen-Gesellschaft und selbst Vertreter von Vogelschutzwarten von der Anbringung von Nistkästen und dem Vogelfüttern als „unnützer Piepmatzologie" und proklamierten dafür den „wertvollen" Vogelschutz auf wissenschaftlicher Basis[140]. Als Entschuldigung für diese ablehnende Haltung mag in gewissem Umfang gelten, dass es damals noch etliche „Allerweltsarten" gab, die noch als „Schädlinge" bekämpft wurden (Stare) und von Fütterungen in unerwünschter Weise profitierten. Dennoch: Im Ausland blieb diese negative Haltung völlig unverständlich und erst recht die schauerlichen Blüten, die sie trieb. Extremisten vom NABU formulierten nämlich (noch 1999!): „Die Erkenntnis ist hart, aber klar: Vogelfütterung ist kein Vogelschutz ... Wenn wir füttern, tun wir das also für uns! Vogelschutz ist Menschenschutz“[229], und vom BUND (noch 2002!): „Es wird ... vermutet, dass ... mehr Vögel an unsachgemäßer Fütterung sterben als mit Hilfe der Fütterung vor dem Tod bewahrt werden ... es überleben Vögel, die zufällig nicht das falsche Futter gefressen haben“[79].

Derartiger nicht zu überbietender Unsinn – übrigens für uns Anlass, 2006 die erste Auflage dieses Buches zu veröffentlichen – wurde in keinem anderen Land der Erde zusammenschwadroniert und hat natürlich seine Gründe. Von den Wissenschaftlern, wie beschrieben, fallengelassen, fiel bei uns im Gegensatz zum Rest der Welt der „primitive“ Vogelschutz wie vor allem das Füttern in die Hände von Laien, die sich in zwei Lager spalteten. Die Linientreuen des guten alten „Deutschen Bundes für Vogelschutz“ mit ihrer „Vogelmutter“-Begründerin Lina Hähnle versorgten natürlich nach wie vor ihre Vögel liebend gern und erfolgreich mit Futter und Nisthilfen. „Moderne Gummistiefel-Ökologen“ hingegen, motiviert, aber leider oft ohne fundierte Kenntnisse, die sich zu „Höherem“ berufen fühlten wie Einflussnahme auf die Politik und vielerlei Aktionismus, empfanden das Füttern bald als Ballast und Gefahr. Ballast, weil sie gar nicht mitbekamen, welch hohen Stellenwert das Füttern wildlebender Vögel inzwischen für den Artenschutz weltweit erreicht hat, und Gefahr, weil Konkurrenz für den Eigenbedarf an Mitteln. Längst verbrauchen die einst rein ehrenamtlich tätigen Vogelschützer heutzutage Unsummen an Mitteln für den Unterhalt ihrer zahlreichen Naturschutzzentren, den Druck von Informations- und Werbematerial usw. und sehen es deshalb oft gar nicht gern, wenn Spender ihrer Meinung nach sinnlos Geld fürs Vögelfüttern ausgeben. In Aufrufen wie z. B. „Mehr spenden – weniger füttern“ (www.luxnatur, 30.11.2005) entlarven sie sich als direkte Konkurrenten, die inzwischen sozusagen unseren Rotkehlchen das Futter wegfressen möchten.

Und dann gibt es außer den „Konkurrenten“ für zu fütternde Vögel zwei weitere Gruppen von Fütterungsgegnern – die „hehren Puristen“ sowie die „weltfremden Utopisten“, darunter nicht wenige Wissenschaftler. Von ihnen hört man etwa, die „Natur“ habe es so eingerichtet, dass wildlebende Vögel immer ihr Auskommen finden, wenn man ihnen ihre Lebensräume belässt (und wo – bitte – ist das noch der Fall?) oder auch („Naturschutz heute“ 2007): „Die Natur sei kein Freiluft-Zoo“ (gemeint ist wohl „Freiland“-Zoo), und deshalb sei Zufüttern fehl am Platz. Dabei haben wir eine Art Freiland-Zoo fast überall längst eingerichtet: Denn von

Blaumeise mit Räupchen vorm Nistkasten: Wenn irgend möglich, füttern Vogeleltern das richtige Futter an ihre Jungen.

den ursprünglich v. a. waldbewohnenden Tiergemeinschaften ist so gut wie nichts übriggeblieben. Zudem wurde in unsere Kulturlandschaft mit Monokulturen von Pflanzen aus aller Welt eine völlig neue Begleitflora und -fauna eingebracht – fast wie in einem Zoo[24]. Nur haben wir diesem Freilandzoo inzwischen durch Biozide usw. weitgehend das Tierfutter entzogen.
Auch diverse Utopisten argumentieren, Zufüttern sei unnatürlich, mache Vögel abhängig, und deshalb sei die einzige Lösung: „Die Lebensräume der Vögel müssen wiederhergestellt werden, dafür muss man die extreme Insektenarmut ... bekämpfen, die Landschaft renaturieren, weniger Gift spritzen und Überdüngungen vermeiden ... hier und da auch mal was auf Wiesen wachsen lassen, einen Weiß- oder Schwarzdorn ...", damit sich Vögel wieder ernähren können (Süddeutsche Zeitung, Ausgabe Starnberg, 27.9.2016). Mit diesem „muss", „müsste" usw. wird Vögeln natürlich aufs Trefflichste geholfen – das ist wahrlich realistischer, praxisorientierter Vogelschutz! Dabei lohnt es, sich derartige Utopisten näher anzuschauen. Oft sind es behäbige Schreibtischtäter, die keinen Vogel füttern, keinen einzigen Schwarzdorn pflanzen, kein Biotop pflegen, sich aber durch ihre schroffe Ablehnung des Zufütterns für ihr Nichtstun auch noch ein selbstgerechtes Alibi verschaffen möchten. Denn was ihrer Meinung nach nichts taugt, braucht man folgerichtig auch nicht zu machen und kann sich zudem noch guten Gewissens Ausgaben sparen. Und mit dem muss, müsste, sind natürlich immer andere gemeint, die verdammt nochmal endlich was tun könnten. Zudem stellen sich viele Puristen und Utopisten im Hinblick auf „Nichtstun bei bestem Gewissen" mit notorischen Spendenverweigerern auf eine Stufe, die argumentieren: Wir geben grundsätzlich nichts, seit wir gehört haben, dass auch Stiftungsgelder schon veruntreut worden sind – da könnte ja u. U. auch unser schönes Geld sein Ziel verfehlen. Und da ist dann

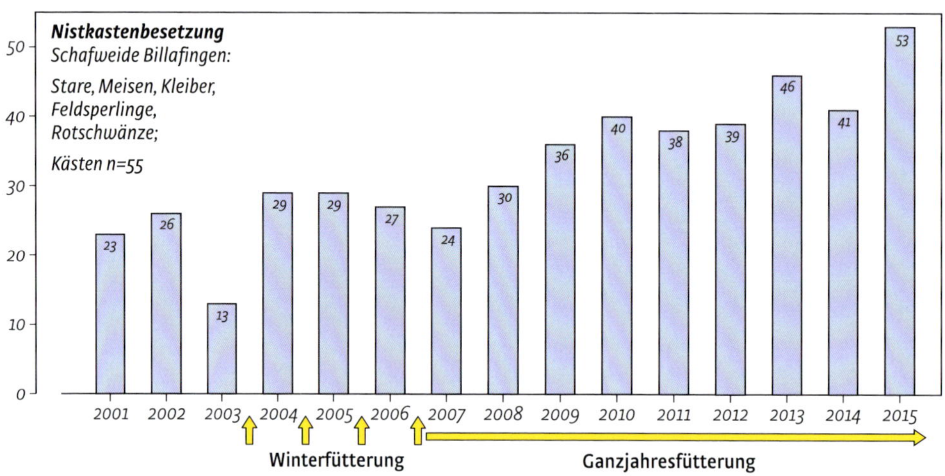

Zunahme der Nistkastenbesetzung bei Fütterung zunächst im Winter, später ganzjährig (Süddeutschland, Billafingen)

hundertmal nichts geben natürlich besser, als einmal ein Risiko eingehen – so funktioniert Naturschutz in Utopia am besten.

ENDLICH: GANZJAHRESFÜTTERUNG AUCH BEI UNS ETABLIERT!

Zum Glück lässt sich Gutes auf Dauer weder von dummen noch von bösen Leuten verhindern. So ist es mit unserem Buch „Vögel füttern – aber richtig" gelungen, seit der ersten Auflage 2006 und den beiden Nachfolgern 2008 und 2012 schrittweise sowohl den Begriff „Ganzjahresfütterung" von wildlebenden Vögeln sowie deren Praxis endlich auch in Deutschland einzuführen und inzwischen fest zu etablieren. Wie 2012 dargestellt, wurde der Ratgeber mit inzwischen über 200 000 verkauften Exemplaren nicht nur zum Best-„Seller", sondern vor allem auch zum Best-„Maker": Er sorgte nämlich dafür, dass auch in Deutschland Millionen freilebender Vögel wieder ordentlich mit Futter versorgt werden, und nun sinnvollerweise auch rund ums Jahr – der schönste Erfolg. Außerdem wirkt er für viele Naturfreunde wie ein Befreiungsschlag: Sie können endlich wieder besten Gewissens füttern, ohne sich schon fast wie Aussätzige vorkommen zu müssen.
Für die relativ schnelle bundesweite Etablierung der Ganzjahresfütterung gibt es eine Reihe von Gründen: Hunderttausende Vogelliebhaber haben inzwischen beobachtet, wie spontan und stark ganzjähriges Zufüttern von vielen Vögeln angenommen wird, wie schnell sich Behauptungen über Wohlstandsverwahrlosung, Absterben von Bruten usw. als Lügenmärchen entpuppen, und viele Tausende haben auch längst erfahren, wie sich durch Füttern rund ums Jahr Populationen gezielt wieder aufbauen lassen, der Bruterfolg steigt u. a. m., wie unzählige Zuschriften belegen. „Vögel füttern ..." hat zudem eine Diskussion über das Füttern ausgelöst, an der Millionen von Bürgern beteiligt sind – Google bezifferte bereits bis 2008 rund eine halbe Million einschlägige Links. Viele Naturfreunde sind aus dieser Diskussion folgerichtig als Ganzjahresfütterer hervorgegangen. Darüber hinaus hat eine Heerschar von Begeisterten in ungezählten Aktionen, Publikationen, Kampagnen usw. der Ganzjahresfütterung zum Durchbruch verholfen und ist nun dabei, sie mehr und mehr zu einer Volksbewegung zu machen. Beispiele: Bücher von Lohmann 2005, 2007[138, 139], Haag 2010[99], Egidius 2011[72] und Schöne 2012[206] propagieren sie wie unser Ratgeber, da sie „vielen Arten eindeutig nützt", ebenso Filme wie „Vögel füttern – das ganze Jahr" (Santec Media GmbH, www.santec-dvd.de) oder von Hans-Jürgen Zimmermann „Birds & People – Ganz verrückt auf Vögel", Übersichtsberichte[135] und Hunderte von Fernseh- und Rundfunksendungen, in denen wir sie anpreisen konnten, zuletzt etwa 2016 bei Markus Lanz oder in „Zwischentöne" im Deutschlandfunk mit Michael Langer. Großartig verdient gemacht haben sich Journalisten wie Antje Sommerkamp und Tanja Warter mit einer Reihe einschlägiger Publikationen in großen Zeitungen und Magazinen, Michael Miersch rief in der „Welt" (2008[33]) zum „Füttern, füttern, füttern" unserer „gefütterten Freunde" auf, und Gerd Schierhold veranlasste in der Wochenzeitschrift für den Landkreis Leer eine Artikelserie von 30 Berichten. Weiter sind zu nennen das „Falke"-Heft 12/2013 mit der Titelstory „Vogelfüttern", ausführliche Infos bei www.naturgucker.de u. a. sowie namhafte Biologen und Ornithologen wie Josef Reichholf und Uwe Westphal, die sich klipp und klar für die Ganzjahresfütterung aussprechen („Wildtierland" 2012, „National Geographic" 2014 bzw. im

neuen Spatzen-Buch[224]). „Pro und contra von Vogelfütterungen" war das Thema eines Berichtes von R. K. Berndt (www.ornithologie-schleswig-holstein.de) über Zählungen an 72 Fütterungen, an denen 4894 Individuen in 54 Arten erfasst wurden, sowie Grundsatzdiskussionen rund ums Thema Füttern. „Fazit: Nichts spricht gegen vernünftiges Füttern, alles dafür [...] in einer Zeit, in der der wirtschaftende Mensch die ökologische Wertigkeit auf fast 100 % des Landes verschlechtert hat, ist Füttern ein Teil des Artenschutzes" – wie wahr! Hilfreich für die Bestimmung von Vögeln ist auch ein spezieller Film „Die Vogelwelt am Futterplatz" von S. Hoffmann, Edition Ample.

Aufschlussreich ist auch die Entwicklung im Bereich Futtermittelvertrieb. Wie rasch sich Produktion und Verkauf von Futter für die Sommer- und zusammen mit der Winter- für die Ganzjahresfütterung entwickelt haben, zeigen zusammenfassende Berichte z. B. im „Branchenforum Zoo & Garten" 2011 und 2014, im „Zoologischen Zentral-Anzeiger" 2011 und 2016 oder in „pet" 2012 und 2016. Dabei hat sich – in Verbindung mit Werbeaktionen – eine ganz neue Terminologie entwickelt. Die Firma Dehner als einer der Schrittmacher im Vogelschutz durch Füttern macht Reklame mit dem Slogan „Ganzjahresfütterung in aller Munde", Delicia stellt „Ganzjahres Garten Vogelfutter" in „Ganzjahres Futtervielfalt" bereit, Donaths „PiepSchau" bietet „All-Rounder-ganzjährig gut" und „Brutzeithilfe" an (Futter-Sonderrabatt während der Brutzeit), elles verkündet „Richtig füttern, bedeutet ganzjährig füttern" und stellt „elles-4-Jahreszeiten Wildvogelfutter" bereit, Erdtmann wirbt für „Füttern im Sommer", GEVO erklärt „Unser Jahr hat 366* Fütterungstage (*zu Weihnachten bitte zweimal füttern)", vogelpick präsentiert einen „Jahresfutterplan" für Wildvögel, und Vitakraft bietet „Vita Garden" als kompaktes Premium-Sortiment für die Ganzjahresfütterung an. Manche Futtermittelhersteller verkaufen inzwischen im Sommer rund 60 % der im Winter üblichen Menge an Meisenknödeln.

Damit ist wie zu Anfang des 20. Jahrhunderts eine Art Volksbewegung im Vögelfüttern in Gang gekommen, die nun der Ganzjahresfütterung auch in Deutschland den Rang verschafft, den sie in der übrigen Welt schon lange inne hat: als eine überaus hilfreiche Vogelschutzmaßnahme, die zwar kein Allheilmittel gegen den Artenrückgang darstellt, aber als Sofortmaßnahme sehr vielen Arten und vor allem auch Individuen ihr Auskommen und Überleben sichern kann.

FÖRDERLICHE ENTWICKLUNGEN

Im Zuge der „Volksbewegung Ganzjahresfütterung" sind drei Entwicklungen erfreulich. Sie wird – egal, ob aus Einsicht oder auf Druck von immer mehr Mitgliedern – in zunehmendem Maße von Vogel-, Naturschutzverbänden, Stiftungen usw. gutgeheißen, propagiert und praktiziert. Das gilt inzwischen für viele Gruppen des NABU und des LBV (Bayern) – dazu sagte uns ein prominenter Vertreter Berlins auf der Grünen Woche 2011: „Gehen Sie in der Neuauflage Ihres Buches nicht zu hart mit dem NABU ins Gericht – er bessert sich". Auch das Komitee gegen den Vogelmord empfiehlt Ganzjahresfütterung als „einfache praktische Maßnahme", ganz ähnlich die Deutsche Wildtierstiftung, die Schweizerische Vogelwarte Sempach, die Umweltstiftung Naturlife-International u. a. Ganz anders sieht es nach wie vor beim BUND aus: ablehnende und kritische Äußerungen ja, positive fehlen, und die oben genannte vogelfeindliche Broschüre[79] wird im-

Vogelbeobachtungshaus vor Ganzjahresfutterstelle im Sindelfinger Stadtwald – ideal zum Beobachten, Fotografieren, selbst für ganze Schulklassen

mer noch vertrieben. Kein Wunder, dass z. B. K. Kutzner im Forum des BUNDmagazins 2011 schrieb: „Die bekannt kritische Haltung des BUND zur Vogelfütterung kommt einem Aufruf zur Förderung des Artensterbens gleich. Ich finde es unerträglich …“. Wie wahr! Da sollten Vogelliebhaber sehr sorgfältig überlegen, ob sie einen Verbund mit derartig vogelfeindlicher Gesinnung künftig unterstützen wollen. Weiterhin entwickeln begeisterte „Einzelkämpfer“, Betriebe u. a. spezielle Förderaktionen. So hatte etwa EDEKA 2015 (in „diese Woche“ 45) zu einem Wettbewerb für die schönste Vogelstation (zum Füttern) aufgerufen – fast wie in der guten alten Zeit! Im Sindelfinger Stadtwald entstand auf Betreiben des Revierleiters Markus Klas im Rahmen eines Forstlehrpfades ein besonderes „Juwel“: ein Vogelbeobachtungshaus unmittelbar vor einer Großfütterungsanlage für den Ganzjahresbetrieb – ein Musterbeispiel (Abbildung Seite 31), vor allem auch für ganze Schulklassen geeignet. Ein ähnliches Beobachtungshaus mit Futterstelle wird für Aschheim beschrieben[201]. Im Allgäu (Scheidegg) begann Wolfgang Hollfelder eine ganze Region zur Ganzjahresfütterung anzuregen. Und die dritte erfreuliche Entwicklung: Alle namhaften Futtermittelhersteller produzieren inzwischen durchweg hochwertiges Vogelfutter, stimmen Neuerungen mit uns ab und senden uns Proben zu Testversuchen, bevor sie auf den Markt gehen. Da denken wir oft: Wenn unsere Lebensmittel nur auch derartige Tauglichkeitsprüfung hätten!

DER HAUSSPERLING: PARADEBEISPIEL ZUM VERSTÄNDNIS

Haussperlinge leben wie keine andere nicht domestizierte Vogelart weltweit eng mit Menschen zusammen und sind im Hinblick auf Nahrung und Nistplätze weitgehend von uns abhängig. Aus einem einstigen Leben in Saus und Braus, das bis zu Bekämpfung (bei uns bis in die 1970er-Jahre, z. T. mit Vergiftungsaktionen, etwa Strychnin-„Grünkornmethode") und großräumiger Ausrottung (in China[33]) führte, ist heute bedrohlicher Rückgang geworden, der zum Überleben gezielte Zufütterung erfordert. An unserem Spatz lässt sich der Sinn der Ganzjahresfütterung als Notwendigkeit der heutigen Zeit im Folgenden besonders gut darstellen.

Der Haussperling, ein auf Sämereien angewiesener Webervogelverwandter, ist dem Menschen weltweit in seine Siedlungen gefolgt, wo er – als weitgehend reiner Standvogel – auf engstem Raum mit ihm zusammenlebt[35]. In unseren früher überall ansässigen kleinbäuerlichen Betrieben wurde er, wenn die Feldfluren abgeerntet waren, in Hühnerfängen, Taubenschlägen, durch Haferreste in „Pferdeäpfeln" usw. mitversorgt, also schon immer *mitgefüttert*. Mit der Einstellung kleinräumig vielseitiger Landwirtschaft, dem „Bauernsterben", ging den Spatzen rasch das Futter aus[74] – ihr Bestand nahm überall in Mitteleuropa dramatisch ab, bis hin zum Erlöschen vieler lokaler Populationen. In Deutschland ging der Bestand von früher mindestens 15 Millionen Brutpaaren bis 2000 auf etwa 5 Millionen und inzwischen auf ca. 3 Millionen Paare, also um ca. 80 % zurück. Das trifft auch für viele andere Länder zu.[74, 62, 33, 97]

Haussperlinge als ehemalige „Mitesser" finden heute auch keine Ersatznahrung in unseren ausgeräumten Landschaften, aus denen nicht nur über die Hälfte aller Deckung bietenden Hecken, sondern v. a. auch die Futterpflanzen – wie etwa der Löwenzahn, der meist schon vor der Samenbildung abgemäht wird, Wegericharten, Wegwarte oder Ackerdisteln – weitgehend verschwunden sind[188]. In der Regel bleiben auf vielen Quadratkilometern gepflügter Flächen der Monokulturen von Getreide, Zuckerrüben, Kartoffeln usw. kaum Samen tragende Wildkräuter oder Stauden stehen wie auch an den meist penibel „gepflegten" Weg- und Straßenrändern, Böschungen oder auf unseren nicht selten bis zu fünfmal im Jahr gemähten Wiesen.

01

02

03

Um sich richtig klar zu machen, wie nahrungsarm unsere Landschaft inzwischen für Körnerfresser wie Sperlinge und andere Arten geworden ist, versuche man einmal, etwa an einem Spätherbsttag, auf einem Spaziergang auch nur *eine Tagesration an Wildkräutersamen z. B. für einen einzigen Kanarienvogel zu sammeln* – das Ergebnis ist in aller Regel niederschmetternd. Besser fällt der Versuch in einem ökologisch ausgerichteten Hausgarten mit einer Fülle von Samen tragenden Pflanzen aus (siehe unten), der uns eine Vorstellung davon gibt, was unsere Landschaft Vögeln früher einmal an Futter zu bieten hatte.

Mit den Unkräutern sind nicht nur Sämereien, sondern auch die auf ihnen lebenden Insekten verschwunden – das Aufzuchtfutter vieler Arten einschließlich der Spatzen. Aber, so schlecht es unseren Sperlingen derzeit großräumig auch geht, so ist es leicht, zumindest kleinere, durchaus überlebensfähige Populationen am Leben zu erhalten oder wiederaufzubauen: *durch kontinuierliche, zuverlässige, ganzjährige Zufütterung*! Wir praktizieren diese seit Jahrzehnten

01 *Wie beim Haussperling lassen sich auch beim Feldsperling durch ganzjährige Zufütterung lokale Populationen wiederaufbauen.*

02 *Der Haussperling ist inzwischen eine weltweit gefährdete Vogelart, der durch Zufütterung gut zu helfen ist.*

03 *Haussperling-Männchen füttert flüggen Jungvogel – oft auch an der Futterstelle und nun auch mit Futter von dort zum Kennenlernen.*

erfolgreich und konnten z. B. im süddeutschen Dorf Billafingen im Bereich unserer Schafweide in gut 20 Jahren eine Sperlingspopulation von null auf über 50 Paare aufbauen[26] (Seite 53 ff.). Auch aus England, wo seit Jahrzehnten „Garden Bird Feeding Survey“ durchgeführt wird, liegen für Sperlinge wie auch für andere Arten ermutigende Ergebnisse durch Zufütterung vor. Auch in abnehmenden Sperlingspopulationen können Brutpaare bei Zufütterung ausreichend Nachwuchs produzieren mit zunächst normaler Lebensdauer. Erhöhte Sterblichkeit tritt dann bei Futtermangel v. a. im Winter auf – und die kann durch weitere gezielte Zufütterung reduziert werden.[112]

Ein schönes Beispiel aus unserer Hauptstadt: Den „Berliner ornithologischen Berichten 2005“[230] ist zu entnehmen „Die Bestandszahlen des Haussperlings korrelieren signifikant mit Gebäudefläche und *Zahl der Futterplätze* und blieben wahrscheinlich in den letzten zehn Jahren stabil.“ Ähnliches vernehmen wir auch aus Hamburg: „Ohne massive menschliche Zufütterung käme es zumindest in den Wintermonaten zu einem erheblichen Nahrungsengpass. Haussperlinge suchten Futterstellen während des ganzen Jahres auf. Der Haussperling ist im innerstädtischen Raum in den Wintermonaten fast vollständig von anthropogenen Nahrungsquellen abhängig“[151]. Das sind höchst erfreuliche Ergebnisse für Vogelfütterer und ist hoffentlich Anregung für alle, die es noch werden wollen! Derartige Kenntnisse machen Mut, auch wenn unserem Spatz heute noch weitere

Haussperling-Weibchen füttert flüggen Jungvogel. Oft betteln die Jungen auch an der Futterstelle noch „kindlich“ mit Flügelzittern, um gefüttert zu werden. Klappt das nicht, können sie meist selbstständig Futter aufnehmen.

Faktoren wie Nistplatzmangel, Abnahme an Insekten als Nestlingsnahrung, Hauskatzen u. a. zu schaffen machen[62, 33].

Seit der 1. Auflage unseres Buches erschienen über 50 Arbeiten, die weiteren Rückgang von Haussperlingen und verwandten Formen – v. a. dem Feldsperling – dokumentieren, sowohl für Deutschland, viele weitere Gebiete Europas und auch andere Kontinente. In Hamburg betrug der Rückgang in den letzten 25 Jahren mehr als 75 % – weil sicher noch viel zu wenig gefüttert wird, und damit fiel der Spatz als ehemals häufigste Art der Stadt auf Rang neun ab[152]. Veröffentlichungen, die Rückgangsursachen analysieren, zeigen, dass neben Verlusten an Nistgelegenheiten Nahrungsmangel die Schlüsselrolle zukommt, und zwar sowohl der Nestlingsnahrung (Insektenmangel) als auch der allgemeinen Nahrungsgrundlage rund ums Jahr[39, 46, 65, 127, 160, 171, 183, 200, 218]. Dabei sterben Sperlinge nicht nur regional aus, sondern können in Städten bei schlechter Kondition auch deutlich kleiner bleiben[136].

Aber es gibt auch Erfreuliches zu berichten. In Berlin blieb der Bestand an Sperlingen von 2001 bis 2011 stabil und ist mit derzeit noch über 100 000 Brutpaaren als „hervorragend gut" einzustufen[38, 203]. Damit zeigt die „grüne Gartenstadt" mit vielen Futterstellen offensichtlich positive Wirkung. Und eine Reihe von seit Jahren tätigen Ganzjahresfütterern meldet uns, sie hätten inzwischen – wieder – so viele Spatzen, dass sie mit Füttern kaum nachkommen (z. B. Familie Dorn in Wuppertal).

Sicher mit das Wichtigste, dessen man sich bewusst sein muss, ist: Haussperlinge sind Standvögel par excellence. Sie sind so ortstreu, dass Vögel zur Brutzeit nur einen Aktionsradius von 50–400 m haben, der nach der Brutsaison auf etwa 600 m ansteigen kann, bei Schwarmflügen hinaus in Feldfluren bis etwa 2 km[91]. Eine neue Studie[121] zeigt, dass sich selbst Jungvögel in der Jugendstreuung im Wesentlichen nur im Umkreis von etwa 15 km ansiedeln und dort dauerhaft sesshaft bleiben. Für die Praxis heißt das: Wenn wir Sperlingspopulationen erhalten oder neu aufbauen wollen, müssen sie, da sie nicht umherwandern und ständig neue Futterplätze suchen können, an ihrem Aufenthaltsplatz 365 Tage im Jahr verlässlich mit Futter versorgt werden – wie früher durch die kleinbäuerlichen Betriebe! Und im Hinblick auf den dramatischen Rückgang an Insekten wird es künftig sicher zunehmend nötig sein, Spatzen zur Brutzeit auch mit Lebendfutter (Mehlwürmern u. a., siehe Seite 84) zu versorgen, damit sie ihre Jungen erfolgreich aufziehen können.

Haussperlinge wie Feldsperlinge bauen gern Vogelfedern in ihre Nester ein, die man ihnen auch auslegen kann.

WAS VÖGEL ZUM LEBEN BRAUCHEN
— vor allem Futter rund ums Jahr

WIE VÖGEL LEBEN UND WAS SIE BRAUCHEN

ÜBERWINTERUNGSKÜNSTLER

Vögel sind auf geradezu wundersame Weise in der Lage, selbst unter ganz extremen Bedingungen zu leben und vor allem auch strenge Winter zu überstehen, für uns oft nahezu unvorstellbar. So überwintern sogar im Polarkreisgebiet kleine Arten wie Lapplandmeise oder Polarbirkenzeisig, obwohl dort die Temperatur bis zu –50 °C abfallen kann und die Tageslichtdauer im Mittwinter in Dämmerungsform nur wenige Stunden beträgt. Und in der Antarktis brüten Pinguine sogar bei Temperaturen um –50 °C ihre Eier aus. Aber auch in unseren Breiten ist es oft nahezu unfasslich, wie etwa ein Fink oder eine Meise Schneesturmnächte bei –25 °C zu überleben vermögen, in denen wir schon auf dem kurzen Weg vom Auto bis zur Haustür einen Kälteschock empfinden können.

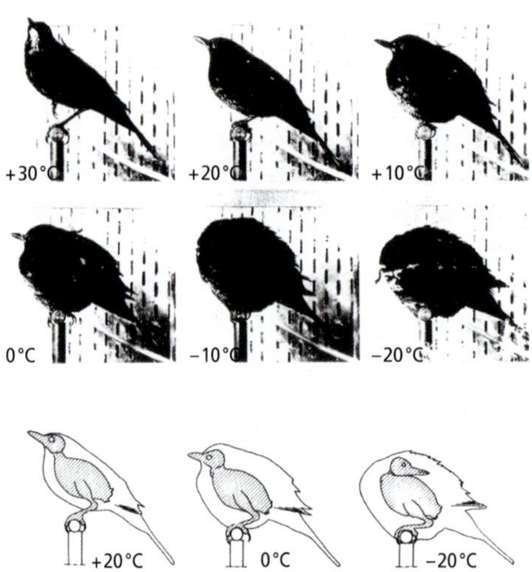

Mit abnehmender Umgebungstemperatur machen sich Amseln mehr und mehr kugelig (Fotos, oben); dabei „verschwinden" sie im Gefieder (unten).

Vögel sind aufgrund einer Reihe von speziellen Körper- und Verhaltensanpassungen Überwinterungskünstler. Einzigartiger Isolator gegen die Kälte ist das Gefieder. In der im Winter aufgeplusterten „Federkugel" werden die dachziegelartig-schuppenförmig übereinander greifenden Federn durch Muskeln so gestellt, dass zahllose Luftkammern entstehen, womit der Körper wie hinter Mehrfachfenstern 40 °C und mehr „heiß" gehalten werden kann. In diesen „Wärmeball" werden Beine und Füße so weit wie möglich eingezogen und beim Schlafen auch Gesicht und Schnabel hineingesteckt – die perfekte Isolationskugel (Abb. Seite 38). Bleiben die Fußsohlen, die auch nachts eiskalte Ästchen umspannen oder bei Wasservögeln auf dem blanken Eis aufliegen – und das ist Vögeln offenbar problemlos möglich, während uns schon ein kurzer Barfuß-Ausflug im Schnee Schmerzen bereiten kann. Des Rätsels Lösung: Beim Vogelbein ist ein Temperaturgefälle vom Bauch bis zur Fußsohle von etwa 35 °C bis auf

0,5 °C, das durch ein sogenanntes Wundernetz von Blutgefäßen gesteuert wird und an den Füßen einerseits gefährlichen Wärmeverlust und andererseits ein Festfrieren verhindert.
Andere Überlebensmechanismen für die kalte Winterzeit sind: Das Schlafen in Gruppen, z. B. von Baumläufern (Abb. Seite 39), ebenso das Nächtigen von Meisen oder Staren in Nisthöhlen oder von Hühnervögeln in Schneehöhlen – dadurch werden etwa 20 % an Energie gespart. Die Anlage von Fettdepots, wie wir sie bei Zugvögeln als „Treibstoffvorrat" kennen[30], erhöht zwar kaum die Isolation, aber die Chance, bei Nahrungsknappheit zu überleben.
Damit sind wir wieder beim Thema Fütterung: Alle Winteranpassungen unserer Vögel funktionieren letztlich nur, wenn eine Grundvoraussetzung erfüllt ist – *ausreichend Nahrung*. Wie sehr Nahrung ausschlaggebend ist zeigt, dass man selbst viele subtropische Vögel unter den bei uns typischen Winterbedingungen problemlos im Freien halten kann, wenn sie ausreichend ernährt werden. Auch Weißstörche, die früher ausnahmslos nach Afrika gezogen sind, überwintern heute in großer Zahl erfolgreich in Europa, wenn sie zumindest in strengen Winterperioden *gefüttert* werden.

RUHIGES LEBEN NACH DER BRUTZEIT

Sind Ende der Brutzeit die Jungvögel ausgeflogen und ausgewachsen und haben in der Mauser ihr leichtes Jugendgefieder durch ein dichteres, besser isolierendes Alterskleid ersetzt[17], beginnt für sie und die Eltern, wenn sie nicht wegziehen, eine ruhige Zeit. Mit Beginn des Herbstes schieben viele Vögel im wahrsten Sinne des Wortes eine „ruhige Kugel". Die meisten unserer Vogelarten reduzieren nämlich, gesteuert vom inneren Jahreskalender (einer biologischen Uhr), im Vergleich zum Sommerhalbjahr ihre Bewegungsaktivität. Diese Reduktion kann, wie wir an Goldammern feststellen konnten, fast 40 % betragen[20].
In der Natur zeigt sich das so: Im Winterhalbjahr sitzen Goldammern häufig etwa in einem Baum am Misthaufen eines Bauernhofs lange Zeit fast regungslos, wie vom Herbst übrig gebliebene Blätter wirkend. Dabei sind die Vögel meist kugelig aufgeplustert, wodurch der Körper unter den aufgestellten Federn wie hinter Mehrfachfenstern warmgehalten wird. Nur in größeren Zeitabständen suchen die Vögel im Misthaufen, an Scheunen oder einem Futterhaus eine Zeit lang nach Nahrung, dann nehmen sie zum Verdauen wieder ihre Ruheplätze

Manche kleinen Arten wie Baumläufer (Bild) oder Zaunkönige überleben kalte Winternächte nur in Schlafgemeinschaften – auch bei bestem Futter.

01

02

ein. Diese ruhig verbrachten Tage werden im Mittwinter schon gegen 17 Uhr durch Schlafengehen beendet, und die Nachtruhe dauert bis gegen 8 Uhr am nächsten Morgen. Somit verbringen sie um diese Zeit bei uns etwa 15 Stunden im sogenannten Ruhe-Stoffwechsel, in höheren Breiten sogar rund 20 Stunden. Dieser im Vergleich zum Grundumsatz des wachen Vogels reduzierte „Stoffwechsel auf Sparflamme" wird bei niedrigen Temperaturen am Schlafplatz und geringen Körperreserven häufig noch weiter heruntergefahren durch nächtliches Absenken der Körpertemperatur[164]. Derartiger Torpor hilft auch Zugvögeln, den Aufbau von Fettdepots für ihre Wanderungen zu beschleunigen[231].

Weitere Energie wird im Winter gespart durch Reduktion des aufwändigen Fliegens, das bis zum 30-Fachen des Grundumsatzes verbraucht. Auerhühner z. B. sitzen im Winter oft tagelang in ihren Fressbäumen, ohne ein einziges Mal aufzufliegen.

SCHWERSTARBEIT IM SOMMERHALBJAHR

Ganz anders sieht es für Vögel aus, wenn die Brutzeit naht: Dann heißt es zunehmend früher aufstehen, um das Revier zu markieren, ganztags singen, um Rivalen abzuhalten und Weibchen anzulocken, später folgt die Mammutarbeit der Jungenaufzucht. Die Nächte der Vögel schrumpfen gegen Mittsommer bei uns auf rund sechs Stunden – Gartengrasmücken in Südfinnland sind Anfang Juli fast 24 Stunden wach und füttern ihre Jungen 18,5 Stunden lang[18].

Aber es sinkt im Sommer nicht nur die energiesparende, im Ruheumsatz verbrachte Schlafdauer, sondern in der langen Wachzeit steigt auch das kostspielige Fliegen stark an. Um eine Brut erfolgreich aufzuziehen, müssen Kohlmeisen etwa drei Wochen lang täglich rund 350-mal die Bruthöhle mit Futter anfliegen, das zunächst mit viel Aufwand gesammelt werden muss[40].

03

01 Stare verzehren nach der Brutzeit gern Obst – Kirschen, Beeren, Birnen, auch Äpfel, aber meist direkt am Wuchsort.

02 Bei ganzjähriger oder frühzeitiger Fütterung im Herbst können Meiseneltern (links) ihre Jungen (rechts) an Futterstellen führen, die sie so kennenlernen.

03 Goldammern nehmen Futter am liebsten vom Boden auf – für sie ist eine Bodenfütterung wichtig.

Vergleicht man für typische Vögel bei uns die Gesamtaktivität von Sommer und Winter wie hier beschrieben – also für Schlafen, Fliegen, Futter sammeln usw. – im Hinblick auf den Energieaufwand, kommt man zu dem Ergebnis: Vögel wie Goldammern und Kohlmeisen verbrauchen im Sommerhalbjahr im Mittel mindestens doppelt so viel Energie wie im Winterhalbjahr, und das gilt für die meisten unserer Vogelarten.

Dabei ist bisher nicht berücksichtigt ein im Winter eventuell nötiger Mehraufwand für „Heizung", also für Thermoregulation zum Erhalt der hohen Körpertemperatur. Aber das ist auch nicht erforderlich, solange keine extremen Winterbedingungen herrschen. Untersuchungen am Weißstorch zeigen, dass selbst bei im Winter bei uns im Freien gehaltenen Vögeln (die normalerweise in Afrika überwintern) der Energieverbrauch für Thermoregulation nicht ansteigt[146]. Möglich wird das durch eine weitgehend kugelförmige Körperhaltung mit aufgestellten Federn, das Einziehen Wärme abstrahlender Körperteile wie Flügel, Beine und Schnabel tief ins Gefieder und starke Reduzierung von Bewegungen, die zusammen weitgehende Beibehaltung des Grundenergiebedarfs vom Sommerhalbjahr bewirken.

ENERGIEBEDARF IM SOMMER UND WINTER

Was lernen wir aus obigen Gegenüberstellungen? Bei vielen Vögeln werden kritische Engpässe zwischen besonders hohem Energiebedarf und geringem Nahrungsangebot eher im Sommer als im Winter auftreten. Wenn die Winter nicht streng sind und im Zuge der Klimaerwärmung eher milder ausfallen, werden viele Vögel auch bei mäßigem Nahrungsangebot recht gut durchkommen. Im Sommer droht bei den sehr hohen Anforderungen hingegen schneller Gefahr: Finden Vögel bei schlechtem Wetter nur wenig Futter, das zudem wegen geringer Verfügbarkeit häufig auch noch weit entfernt vom

Buntspecht an Gittersilo – hieraus können Meisenknödel (natürlich ohne Netz angeboten) nicht von Krähen, Elstern u. a. weggetragen werden.

Nest gesammelt werden muss, erreichen sie schnell ihre Leistungsgrenze, sodass Energie gespart werden muss. Von solchen Sparmaßnahmen zuerst betroffen sind dann immer die Jungvögel im Nest – sie erhalten weniger Futter als nötig. Hier kann eine Sommerfütterung leicht und wirkungsvoll abhelfen: Sie liefert den Altvögeln – besonders durch Meisenknödel – den nötigen „Treibstoff" zur ausreichenden Futterbeschaffung für die Jungen und kann damit auch in schwierigen Zeiten manche Brut retten.

Hinzu kommt ein weiterer wichtiger Gesichtspunkt: Viele Vögel wie Amseln, Goldammern, Meisen vergrößern zum Winter hin Organe wie Herz, Brustmuskeln und Magen für bessere Thermoregulation[137] und legen sich zudem Fettdepots („Fettpolster") an, wenn es zeitweilig günstige Ernährungsbedingungen erlauben. Diese Depots – z. B. bei Amseln bis zu 20 % des Körpergewichts[36] – sind äußerst wichtige Sicherheitsreserven für kritische Tage mit Nahrungsmangel und fallen im Winter auch nicht groß ins Gewicht, da sich Vögel zu dieser Zeit nur wenig bewegen. Fettdepots als Energiespeicher besitzen unsere Vögel jedoch allenfalls bis zum Schlüpfen der Jungen, danach sind sie weder zu erhalten noch wären sie sinnvoll, da sie die Aktivität bei der Futtersuche beeinträchtigen würden. Während der Jungenaufzucht leben unsere Vögel von der „Hand in den Mund" (besser: vom Schnabel in den Magen) – also ausschließlich von der unmittelbar verfügbaren Nahrung. Auch deshalb ist somit ausreichend Nahrung im Sommer ganz wichtig und macht heute häufig Zufüttern sinnvoll oder notwendig.

Aus dem Dargestellten ergibt sich: Im Sommer kann Zufütterung wild lebender Vögel heute wichtiger sein als im Winter, nämlich immer dann, wenn der in der Brutperiode extrem hohe Energiebedarf mit der in der Natur erreichbaren Nahrung nicht mehr gedeckt und erfolgreiche Jungenaufzucht nur durch Zufüttern gesichert werden kann. Dabei ist wichtig: Auch im Sommer sollte stets Fettfutter – am besten in Form von Meisenknödeln – angeboten werden. Wenn Vögel fliegen, verbrennen sie Fett direkt im Brustmuskel – es liefert unmittelbar den „Treibstoff" für den „Flugmotor"[30, 149] und ist deshalb für Vögel einschließlich unserer Spatzen[130] auch im Sommer lebenswichtig.

EIN TAG OHNE AUSREICHEND NAHRUNG: TODESGEFAHR

Immer noch wird von geldgierigen oder sonstigen Gegnern des Vogelfütterns aufgerufen, Vögel allenfalls zu füttern, wenn eine geschlossene Schneedecke liegt oder die Außentemperaturen nachts unter −5 °C oder −10 °C fallen und Dauerfrost eintritt. Das ist schlichtweg Aufruf zum gezielten Vogelmord.

Um diesen hart klingenden Vorwurf zu verstehen, muss man sich nur klarmachen: Ein meisengroßer Vogel mit rund 20 g Körpergewicht verliert in *einer* Winternacht etwa 2–4 g, also 10–20 % seiner Körpermasse, die er „verbrennt", um seinen Stoffwechsel und die hohe Körpertemperatur (von 40 °C und mehr) trotz guter Isolation durch sein Federkleid aufrecht zu erhalten[5]. Noch kleinere Arten schaffen das überhaupt nur, wenn sie bei Temperaturen unter etwa −7 °C in Gruppen schlafen können, in denen sie sich gegenseitig wärmen. Am darauffolgenden Tag muss der Gewichtsverlust unbedingt schnell wieder ausgeglichen werden, um die nächste Nacht überleben zu können.

Bergfinken als Wintergäste aus dem Norden und Osten ernähren sich im Winter meist von Bucheckern, aber vor dem Heimzug besuchen sie oft Futterstellen.

Um das zu schaffen, sollte schon ab dem frühen Morgen hochwertige Nahrung verfügbar sein. Andernfalls kann ein Kleinvogel schnell in einen kritischen Ernährungszustand geraten, da er ohne Nahrungsaufnahme bereits nach etwa einem Tag so „leer gebrannt" ist, dass er sich nicht mehr erholen kann[85, 103]. Sinken im Winter die Temperaturen unter −10 °C, wird es für viele Kleinvögel generell rasch kritisch, insbesondere für unerfahrene Jungvögel. Kein Wunder, nachdem man weiß, dass selbst ein relativ schwerer, kräftiger, wohlgenährter Haussperling nur etwa 32 Stunden ohne Futter überleben kann[122]. Damit wird auch verständlich, warum Kleinvögel, nach einer vielleicht gerade noch so überstandenen Winternacht, am nächsten Morgen bestrebt sind, möglichst schnell an neue Nahrung zu gelangen, um zu überleben. Vogelfütterer kennen das, wenn Rotkehlchen, Amseln u. a. im Winter häufig schon im ersten Dämmerlicht an Futterstellen erscheinen, und Telemetriestudien an Meisen belegen eindrucksvoll die frühmorgendliche Suche nach einem „Überlebensfrühstück"[75].

Damit wird klar: Wer Vögeln im Winter durch Zufüttern helfen will, kann nicht erst bei Frost oder geschlossener Schneedecke anfangen, sondern muss lange vorher beginnen, sodass Vögel bei lebensbedrohlichen Bedingungen morgens ohne Herumsuchen an ihr Überlebensfutter gelangen können. Finden sie erst im Laufe des Tages – gar erst nachmittags – erforderliche Nahrung, kann es zu spät sein: Sie können dann die Nahrung u. U. nicht mehr assimilieren und „brennen" in der Folgenacht aus. Im Sommer ist die Situation übrigens ganz ähnlich – da sind viele Vögel durch die Strapazen der Jungenaufzucht häufig regelrecht ausgezehrt.

Flügge junge Haussperlinge – von ihren Eltern ans Futterhaus geführt – machen dort wohlbehütet oft ein Nickerchen, wenn das Bäuchlein gut gefüllt ist.

Wer nicht ohnehin sinnvolle Ganzjahresfütterung betreibt, sollte mit der Winterfütterung im *September* beginnen, also im Spätsommer[77] – aus drei guten Gründen.

- Erstens: Zu dieser Zeit sind bei uns die meisten Jungvögel ausgeflogen und streifen umher, um sich nach Verlassen der elterlichen Brutreviere eigene Lebensräume zu suchen.
- Zweitens: Standvögel halten in dieser Zeit auch nach geeigneten Überwinterungsplätzen Ausschau, und wenn sie dabei eine gute Futterstelle finden, ist das u. U. schon ihre „Überlebens-Versicherung" bis zur nächsten Brutsaison.
- Drittens: Viele Jungvögel leben im September noch im Familienverband mit ihren Eltern, von denen sie bei früh einsetzender Fütterung häufig an Futterstellen hingeführt werden[124]. Dadurch lernen sie Futterplätze kennen, in deren Nähe sie sich dann auch bevorzugt ansiedeln können[106].

Bei Fütterbeginn ab September lernen auch später wegziehende Arten wie Star, Rotkehlchen und Mönchsgrasmücke Futterstellen noch vor dem Zug kennen, die sie sich leicht merken und nach Rückkehr im Frühjahr bei Nachwintereinbrüchen gezielt nutzen können. Frühzeitiges Füttern ermöglicht somit vielen Individuen, Futterstellen zu entdecken, was später im Jahr weniger möglich ist. Und wir bekommen auf diese Weise eine große bunte Schar an Futtergästen.

Aus den täglichen Körpergewichtsschwankungen, denen Kleinvögel unterliegen, ergibt sich auch ganz logisch: dass wir die Fütterung im Winter niemals, auch nicht bei mildem Wetter, unterbrechen, sondern *immer kontinuierlich fortführen* sollten[135]. In weniger strengen Perio-

den bekommen Vögel dadurch die Chance, ihr bisweilen kritisch abgefallenes Gewicht wiederaufzubauen oder Fettdepots anzulegen, die die nächste Kältewelle besser überstehen helfen.
Abschließend zur letzten wichtigen Teilfrage dieses Abschnitts: *Wie lange* sollte Winterzufütterung andauern? Sinnvollerweise, wenn sie nicht ohnehin in eine Ganzjahresfütterung überleitet, *bis in die Brutzeit hinein*, also je nach Witterung *bis April, Mai oder Anfang Juni*[77].
Für diese Empfehlung muss man sich nur klarmachen: Im Spätwinter und Frühjahr sind die natürlichen Quellen für Sämereien in unseren nahrungsarmen Landschaften nahezu *vollständig aufgebraucht*, Insekten sind bei kühlem Wetter oft nur begrenzt verfügbar, und neue Samen lassen meist noch lange auf sich warten (etwa vom Löwenzahn, wenn er nicht ohnehin schon in der Blüte gemäht wird, wie heute vielerorts üblich). Vögel machen daher im Frühjahr eine besonders harte Zeit durch, in der sie zudem auch noch Eier produzieren sollen, was zusätzliche Körpermasse fordert. *Deshalb ist Fütterung in die Brutzeit hinein besonders wichtig.* Sie hat zwei weitere gute Gründe: Im Zuge der gegenwärtigen Klimaerwärmung kehren viele Zugvögel zunehmend, z. T. um Wochen, früher in ihre Brutgebiete zurück, und viele Arten brüten entsprechend früher[30]. Da aber auch bei zeitig einsetzender Frühjahrsentwicklung immer wieder Wintereinbrüche auftreten, geraten frühe Heimkehrer, Frühbrüter und deren Nachwuchs oft in große Not. Ihnen hilft ausgedehnte Zufütterung, die man dann zu gegebener Zeit *allmählich* ausklingen lassen oder – besser – *in eine Ganzjahresfütterung überleiten sollte.*
Abschließend zu diesem Abschnitt: Wie gefährlich oder nutzlos es sein kann, Vögel erst bei strengem Frost oder Schnee zu füttern, zeigt

An Meisenknödel kommt auch gern die seltene Haubenmeise – aber die Knödel sollten nicht im Säckchen angeboten werden!

ein 2009 von uns durchgeführter Versuch. Mehrere im Januar in unserem Versuchswald (Seite 49) spontan eingerichtete Futterstellen wurden erst nach 14 Tagen stärker beflogen und hätten vielen Vögeln im Ernstfall gar nichts genutzt. Und schließlich sollte man sich klarmachen, dass für Vögel nicht nur entscheidend ist, ob sie, sondern wie sie den Winter überstehen. Auch bei schlechter Ernährung mag zwar mancher überleben, ist aber in der nächsten Fortpflanzungsperiode beeinträchtigt[58], wie wir das auch von uns aus Hungerperioden in Kriegszeiten kennen.
Weniger empfindlich auf zeitweilige Nahrungsverknappung als Kleinvögel reagieren größere Arten. Greifvögel wie Geier, aber auch unsere Bussarde, Eulen, auch Enten u. a. können tagelang ohne Futter auskommen, brauchen dann aber viel Nahrung, um aufgezehrte Körperbereiche wieder aufzubauen.

VÖGEL FÜTTERN: WISSENSCHAFTLICHE GRUNDLAGEN

VON HANEBÜCHENEN VERLEUMDUNGEN ...

Über keinen anderen Bereich des praktischen Vogelschutzes ist von (geldgierigen) Pseudonaturschützern so viel Unwahres, Unsinniges, Unglaubliches und Unhaltbares zusammengefaselt worden wie im deutschsprachigen Raum über das Füttern freilebender Vögel. Summa summarum kommt das törichte Geschwafel spätmittelalterlichen Schauergeschichten etwa über Raubvögel wie dem „Lämmergeier" (Bartgeier) gleich, dem nicht nur angedichtet wurde, rigoros Lämmer zu stehlen, sondern sogar Jäger aus der Felswand zu stürzen, oder dem Steinadler, dem man u. a. andichtete, Babys aus Kinderwägen zu rauben. Ganz ähnlich beim Thema Vogelfüttern. In den Reigen derartiger Räuberpistolen passt die Warnung von Hennicke (1912)[105] aus den Anfängen des Vögelfütterns, man möge Meisen und anderen Arten kein Fleisch verabreichen, denn das zöge sie „zu wütenden Fleischfressern" heran, sodass sie sich dann an wehrlosen Vögeln vergreifen können. Vollkommen absurd sind ähnliche Behauptungen aus unserer Zeit – etwa, wildlebende Vögel brauchten keine Zufütterung, weil sie auf jahreszeitliche Futterengpässe „eingestellt" seien und Beeren tragende Sträucher für viele Arten ausreichend Nahrung böten. Dabei ist hinlänglich bekannt, dass Kleinvögel meist nur einen Tag ohne Nahrungsaufnahme überleben können – da hilft die beste „Einstellung" nichts, und was Beeren (auch Obst) anbelangt: Sie sind für viele Arten sehr gute *Zusatznahrung*, als alleiniges Futter führen sie jedoch, wie umfangreiche Fütterungsversuche zeigen[19], infolge ihres geringen Gehalts an Amino- und Fettsäuren rasch zum Tod, mit Ausnahme von Ernährungsspezialisten wie dem Seidenschwanz (mit besonders effizientem Darm).

Geradezu mittelalterlich und grotesk sind „moderne" Ansichten, mit Füttern erreiche man nur „wenige Allerweltsarten", begünstige diese noch zum Nachteil von selteneren „empfindlichen" Formen und ebenso Standvögel zum Nachteil von Zugvögeln und unterstütze „keine bedrohten Vögel", da nur wenige Arten an Futterstellen kämen. Richtig ist: Allerweltsarten gibt es inzwischen so gut wie keine mehr, gut geführte Futterstellen werden in Europa von über 100 Vogelarten besucht, darunter von vielen gefährdeten Arten wie Stieglitz, Hänfling, Star, Sperlingen und vor allem auch von Zugvögeln wie Mönchsgrasmücke, Heckenbraunelle, Rotkehlchen u. a.

Dichtung und nicht Wahrheit beinhalten Behauptungen, wie Dichtestress am Futterhaus verhindere die biologische Auslese und störe die „natürliche Selektion", da sie „auch Vögeln mit schlechten Erbanlagen Fortpflanzung ermöglicht"[79]. Dabei bringt Zufüttern die meisten Vorteile gerade für die Fortpflanzung – von früherem Legebeginn über mehr und bessere Eier bis zu höherem Bruterfolg, in erdrückender Fülle von Nachweisen (Seite 55). Und Futterstellen sind durch viele Besucher, die natürlich auch viele Prädatoren wie Sperber, Raubwürger, Katzen usw. anlocken, geradezu Hochburgen für effektive Selektion.

Den Gipfel an Absurditäten stellen jedoch Formulierungen dar, die wohl als Ausschlusskriterien gedacht sind, um das Füttern zu einer Art Todsünde zu diffamieren. Die wichtigsten sind: Vögel geraten in „Futterabhängigkeit", die über „veränderte Verhaltensweisen" zu „einer geschwächten Lebenskraft" führen[79], bequem gewordene Vögel füttern dann auch ihre Jungen mit „ungeeignetem" Futter von der Futterstelle, das dann zu deren Tod führen kann[205, 208, 229], und schließlich bringen sie sich auch noch selber um, da ins Futter gelangender Kot „mit großer Wahrscheinlichkeit zu tödlichen Krankheiten führt" oder sie „das falsche Futter" fressen[79]. Oh Herr – bei so viel Todesgefahr danken wir Dir, dass es in Ländern wie England, in denen in jedem zweiten Haushalt Vögel gefüttert werden, überhaupt noch lebende Piepmätze gibt! Dabei braucht man nur vom Schreibtisch auf-, zum Futterhaus hinüber und in seine Umgebung zu schauen, um klar zu erkennen: Gerade wenn es die meisten Vögel bei uns gibt – am Ende der Brutzeit, im September/Oktober – werden Futterstellen am wenigsten besucht (Seite 93), weil dann selbst in unseren ausgeräumten Landschaften relativ viel Nahrung für Wildvögel anfällt, die sie vorzugsweise suchen. Auch im Winter nutzen sie jede Phase milden Wetters zu ausgedehnter Suche nach natürlicher Nahrung[77, 106, 134, 156]. Und schon Henze (1943)[106] berichtet: Junge Meisen werden „trotz aller Fütterung" nicht etwa mit Futter von der Futterstelle versorgt, sondern mit „zarten Räupchen". Wie sehr sich Altvögel auch in unserer an Insekten armen Zeit abmühen,

Die vielerorts im Bestand zurückgehenden Stieglitze kommen oft an Futterstellen, wenn geeignetes Futter geboten wird.

Für die oft kurzfristig in Schwärmen einfallenden Bergfinken richtet man am besten umgehend Bodenfutterstellen ein.

für ihre Jungen das richtige Futter zu beschaffen, lässt sich eindrucksvoll am Starenkasten beobachten (Seite 100). Wildvögel sind also weit von der unter unseren Jugendlichen grassierenden exklusiven Pommes-frites-Ernährungsmentalität entfernt.
Was schließlich das Todherbeireden betrifft: Vögel lassen sich durch Zufüttern – am besten ganzjährig - nicht nur prima am Leben erhalten, vielmehr wird damit auch ihre Mortalität reduziert und ihre Vitalität gesteigert, neue Populationen lassen sich ansiedeln, andere vergrößern, ihr Gesundheitszustand ist normal und ihre Widerstandskraft durch Zufütterung sogar erhöht, wie unten gezeigt wird.

… ZU UMFASSENDEN UNTERSUCHUNGEN

Bei uns, in Großbritannien und den USA haben Vogelfreunde und Biologen zu Beginn des 20. Jahrhunderts begonnen, die Auswirkungen des Zufütterns wildlebender Vögel näher zu untersuchen. Daraus ist zuerst in England eine systematische „Fütterungswissenschaft" geworden, aber auch bei uns sind in älterer wie jüngerer Zeit vielerlei Untersuchungen durchgeführt worden, und Fallstudien gibt es aus aller Welt. In Großbritannien laufen z. T. seit 1970 fünf spezielle Langzeit-Forschungsprogramme, die alle wesentlichen Aspekte vom Artenspektrum am Futterplatz über Hygienefragen bis zu Langzeitwirkungen etwa auf die Mikroevolution erfassen. In Deutschland hat Kraft bereits 1988[124] eine mehrjährige Studie über Auswirkungen der Ganzjahresfütterung durchgeführt, die viele wichtige Ergebnisse brachte. Leider ist diese aufschlussreiche Arbeit von den vielen Schreiberlingen über Vogelfütterung völlig übersehen oder ignoriert worden.
Wir haben uns in der Vogelwarte Radolfzell seit den 1970er-Jahren systematisch mit Fragen der Ernährung und Fütterung von Vögeln beschäftigt. Dafür wurden Tausende von Individuen von über 50 Vogelarten untersucht. Zum einen haben wir Vögel im Freiland systematisch beobachtet, etwa im Hinblick auf den Verzehr von Efeubeeren[176], weiterhin wurden mithilfe von für Vögel gänzlich ungefährlichen Magen-Darm-Spülungen Magen- und Darm-Inhalte in Bezug auf die Nahrungszusammensetzung analysiert[45], und schließlich prüften wir an vielen Arten – auch solchen, die regelmäßig Futterstellen aufsuchen –, was und wie viel sie fressen, welche Nahrung sie bevorzugen und welche Nahrungsbestandteile sie benötigen[19, 28]. Weiterhin haben wir im Rahmen unserer Forschungsprogramme analysiert, warum mitteleuropäische Mönchsgrasmücken seit den 1960er-Jahren nicht mehr ausschließlich in den Mittelmeerraum und nach Afrika ziehen, sondern zunehmend in England überwintern. Dabei konnten wir eine einzigartige „Erfolgsstory" aufdecken, die eine ganz wesentliche Grundlage in der Zufütterung der Mönchsgrasmücken an Futterstellen hat (siehe Seite 51).
Seit gut 15 Jahren beschäftigen wir uns systematisch mit Fragen der Zufütterung wild lebender Vögel an Futterstellen und insbesondere mit der Ganzjahresfütterung. Auslöser dafür war v. a. folgende Zufallsbeobachtung: Wir halten seit 1975 eine kleine Schafherde, ca. 300 m vom Dorf Billafingen (im Bodenseeraum) entfernt auf einer Streuobstwiese, die an Wiesen, Felder und Wald angrenzt. Die Schafe erhalten zweimal täglich eine kleine Portion Hafer, um sie handzahm zu halten. Haferreste in den Futterkrippen lockten alsbald vom Dorf Haus- und vom Umland Feldsperlinge an. Mit der Einrichtung einer Ganzjahresfütterung ließ sich von beiden Arten eine beständige Population aufbauen (Seite 53).

Futtersilo-Häuschen mit nachrutschendem Futter sind auch für Grünfinken ideal – hier fällt immer frisches Futter an.

Inzwischen führen wir Untersuchungen an fünf Ganzjahres-Futterstellen durch: zunächst an einer in der Vogelwarte Radolfzell seit über 20 Jahren angelegten, seit 15 Jahren an unserer Schafweide und an einer zweiten in Billafingen an unserem ca. 200 m davon entfernten Wohnhaus sowie seit 2005 an bis zu drei weiteren in einem abgelegenen Feldgehölz bei Alberweiler (einem Nachbarort von Billafingen). Alle bestehen aus Haupt- und Nebenfutterstellen. An den Fütterungen werden Vögel regelmäßig (ein- bis dreimal monatlich) in Kunststoffnetzen gefangen und beringt. Auf diese Weise können wir die Futterstellen besuchenden Vögel quantitativ erfassen und ihr jahres- und tageszeitliches Erscheinen bestimmen. Die Wiederfänge beringter Vögel geben Aufschluss über Ortstreue, Aufbau der Population, Überlebensraten u. a. m. Mithilfe von etwa 150 Nistkästen auf der Schafweide, in Alberweiler und am Haus wird verfolgt, wie viele Vögel sich in der Nähe der Futterstellen ansiedeln, wie sie sie nutzen, welchen Bruterfolg sie aufweisen usw. 2010 wurde an mit Minisendern ausgestatteten Goldammern getestet, wie groß der Einzugsbereich von Futterstellenbesuchern ist.

In den Jahren 2001 bis 2003 prüfte der Tierarzt Andreas Straub in unserem Institut an sechs Futterstellen bei Möggingen, ob unterschiedlicher Hygienestatus der Futterstellen („sauber“: wöchentliche Reinigung, „verschmutzt“: ohne Reinigung) einen Einfluss auf die Verbreitung von Krankheitserregern (pathogenen Mikroorganismen) in der Wildvogelpopulation hat. Dafür wurden Blut- und Kotproben sowie Kloakenabstriche von 1200 Vögeln 25 verschiedener Arten untersucht (siehe Seite 112).

DIE WESENTLICHEN FORSCHUNGSERGEBNISSE

Forschungsergebnisse zu Fragen der Fütterung liegen in etlichen tausend Veröffentlichungen vor, die einen Übersichtsband füllen könnten. Hier werden für die „Futterhaus-Praxis“ relevante Arbeiten kurz kursorisch behandelt, aber unter Angabe von Quellen, sodass sich interessierte Leser näher informieren können. Die Übersicht behandelt der Reihe nach verschiedene Bereiche, für die die vorliegenden Ergebnisse zusammengefasst werden.

Populationsanstieg und Neuansiedlung: Zunahme von Vögeln in Gärten, Wald und Feld

Im Rahmen des rund 50-jährigen „Garden Bird Feeding Survey“ in Großbritannien wurde geprüft, wie Vögel auf das ständig verfügbare Nahrungsangebot an Ganzjahres-Futterstellen reagieren. Es zeigte sich, dass von 1970 bis 2000 bei 21 von 41 untersuchten Arten die Anzahl der an Futterstellen beobachteten Individuen *signifikant zugenommen hat* – bei einer ganzen Reihe davon erst in den letzten zehn Jahren[53].

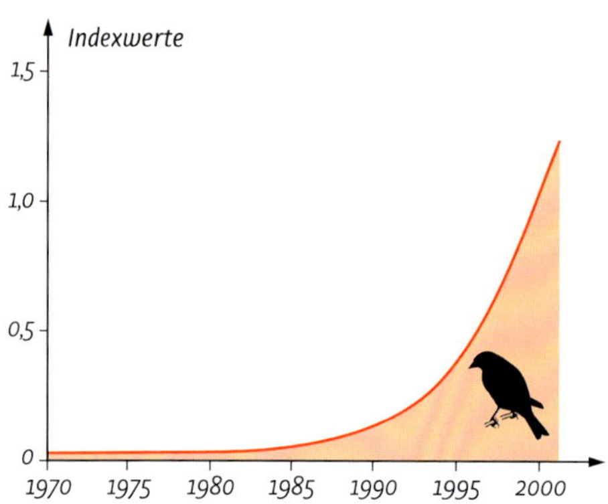

Die Kurve zeigt, wie stark die Stieglitz-Besuche an Futterstellen in England zugenommen haben – aber erst mit Traditionsbildung etwa ab 1990.

Es kommt also zu Traditionsbildung, die erst spät einsetzen kann und Geduld erfordert. Mit der Einrichtung von Fütterungen im Feldgehölz in Alberweiler konnten wir die Anzahl anwesender Individuen von einem Winter zum anderen etwa auf das Zehnfache steigern, außerdem erschienen neue Arten wie Weidenmeise und Raubwürger. Und auch dem LBV ist aufgefallen: Die Wintervogelzählung im Bereich von Futterstellen erbringt über 30 % mehr Vögel.

Eindrucksvoll sind auch die Ergebnisse der Studie von Kraft auf großen Untersuchungs- und Kontrollflächen in Marburg[124]. Bei ganzjähriger Zufütterung nahm die Anzahl der Arten von 1982 bis 1984 von 44 auf über 50 zu, die der Reviere (Brutpaare) sogar von 104 über 220 auf 273! Diese Zunahme war am stärksten bei der Kohlmeise (von 5 auf 29 Paare); aber auch bei etwa zehn weiteren Arten stieg die Zahl der Brutpaare auf mindestens das Doppelte und beim Feldsperling auf etwa das Zehnfache an. Da alte Eichen-Hainbuchen-Bestände mit ihrem Nahrungsreichtum bekanntlich bis zu 270 Vogelpaare/10 ha beherbergen können, liegen die erzielten Bestandssteigerungen noch völlig im normalen Bereich.

Wenn Futterstellen mehr Vögel in Gärten locken können und Ganzjahresfütterung die Brutvogeldichte erheblich steigern kann, stellt sich natürlich die Frage: Lassen sich auch schon mit Winterfütterung mehr Vögel ansiedeln? Diese Frage wurde bereits durch Untersuchungen in Weinbaugebieten und Wäldern positiv beantwortet[106], und für Kohl- und Blaumeise sowie die amerikanische Singammer liegen eine Reihe von Untersuchungen vor, die Siedlungsdichtesteigerungen infolge von Winterfütterung belegen[124]. Positive Effekte waren auch schon 1990 dem BUND aufgefallen, sodass in

einem Jahresbericht steht: „Die Goldammern profitieren von den Fasanenfütterungen."
Die beschriebenen Untersuchungen wurden hauptsächlich an Höhlenbrütern durchgeführt. In Großbritannien erhielten in letzter Zeit auch Ammern, Finken u. a. in der offenen Feldflur im Winter zusätzliches Futter; zudem wurde die Größe der Brutpopulationen in der Umgebung der Futterstellen erfasst. Dabei nahmen Heckenbraunelle, Haussperling und Goldammer sehr deutlich, die Amsel mäßig und die Rohrammer leicht zu. Entscheidend ist, dass möglichst viele Individuen von Futterstellen profitieren können. Ist das gewährleistet, „kann Winterfütterung bei zurückgehenden Arten den Bestand anheben" und zu einer „Schlüsselstrategie für den Erhalt der Artenvielfalt werden" – die Zufütterung sollte daher ausgebaut werden[210]. Viele weitere Beispiele für Bestandszunahmen, erhöhte Brutvogeldichte usw. infolge Zufütterns liegen auch aus vielen anderen Regionen (Australien, Indien, Neuseeland u. a.) vor[54, 67, 82, 119, 125, 211, 213].
Im Folgenden werden einige Arten exemplarisch behandelt, bei denen Zufütterung besonders spektakuläre Erfolge brachte.

Erfolgsgeschichte Mönchsgrasmücke
Seit den 1960er-Jahren ziehen mitteleuropäische Mönchsgrasmücken nicht mehr ausschließlich in den Mittelmeerraum und nach Afrika, sondern überwintern zunehmend in Großbritannien, sodass z. B. „von Oktober 2003 bis März 2004 Ornithologen in jedem dritten Hausgarten Mönchsgrasmücken an den Futterhäuschen beobachten konnten"[159]. Wir haben durch Züchtungsversuche nachgewiesen, dass die Pioniere dieser Entwicklung durch genetische Variation bedingte Abweichler von der normalen Zugrichtung waren, die früher keine Überlebenschance hatten, heute aber für ihr „Fehlverhalten" belohnt werden: Sie finden in Großbritannien ein konkurrenzarmes Winterquartier mit einer Reihe von Vorteilen, davon wohl als wichtigsten die überall in Hausgärten verfügbaren Futterstellen, die sie v. a. in der zweiten Hälfte des Winters intensiv nutzen, wenn die natürliche Nahrung nicht mehr ausreichen würde[30]. Da die auf den Britischen Inseln überwinternden Mönchsgrasmücken als Erste in ihre Brutgebiete zurückkehren, brüten sie auch bevorzugt miteinander, wodurch die neuen Zuggewohnheiten und damit zusammenhängende Verhaltensweisen rasch zunehmen. Damit hat die Zufütterung der Art enorme Vorteile gebracht, die sogar zur Bildung einer neuen Vogelart beitragen könnten[159, 14, 180]. Im Zuge der Klimaerwärmung wird sich die Überwinterung von Mönchsgrasmücken auch zunehmend auf Deutschland ausdehnen und entsprechende Zufütterung erfordern[126]. Durch die Gewöhnung an Futterstellen ist es Mönchsgrasmücken gelungen, ihre Bestände stabil zu halten und z. T. sogar zu erhöhen, während un-

Mönchsgrasmücken-Männchen an reifen Efeubeeren: Efeu sollte in keinem vogelfreundlichen Garten fehlen – seine Beeren sind ideales Zusatzfutter bis in den Sommer hinein.

sere anderen Grasmückenarten, die Futterstellen kaum aufsuchen, im Bestand deutlich (Gartengrasmücke) bis dramatisch (Dorn-, Klappergrasmücke) abnehmen[32].

Um die Population langfristig zu stabilisieren, sollten Weißstörche jährlich im Mittel etwa drei Junge aufziehen – das ist ohne Zufütterung vielfach nicht mehr möglich. Heute beläuft sich der durchschnittliche Nachwuchs oft nur auf ein oder zwei Jungvögel.

Erfolgsgeschichte Weißstorch

Um 1950 waren die Storchenbestände in der Schweiz und in einigen anderen Gebieten West- und Mitteleuropas ganz oder weitgehend erloschen. Dem Schweizer Vogelschützer Max Bloesch gelang es durch Zurückhalten, Zucht und Ausbürgerung von Störchen, ab den 1960er-Jahren eine semidomestizierte Ersatzpopulation aufzubauen, die heute bis nach Skandinavien reicht. Entscheidend für den Erfolg war *intensive Zufütterung*, v. a. mit Eintagsküken und Fischen – und diese ist bis heute Garant für guten Bruterfolg, da die Nahrungsbasis für Weißstörche in vielen Gebieten Europas unzureichend ist - ein Hauptgrund für den Rückgang natürlicher Storchenpopulationen[30]. Wem das nicht einleuchten will, muss sich nur vor Augen führen, dass ein Storchenpaar mit vier halbwüchsigen Jungen täglich ca. 5 kg Futter beschaffen muss! Viele Vogelschützer haben das inzwischen klar erkannt und verhelfen Störchen durch Zufüttern zu normalem Bruterfolg. In Niedersachsen z. B. profitieren so rund 20 % der Storchenbruten[166], in anderen Gebieten sind es bis zu 50 % (Ber. Vogelschutz 2015). Trotzdem lehnen Vogelschutzverbände das (weitere) Zufüttern von Störchen z. T. rigoros ab (etwa die Vogelschutzwarten in einem „Positionspapier"; Ber. Vogelschutz 2015), obwohl die Notwendigkeit klar ersichtlich ist. Beispiele für Letzteres: Der NABU schreibt in seinem Storchenposter 2010 „Fast weg: der Weißstorch": „Etwa 4200 Paare des NABU-Wappentiers, nicht einmal die Hälfte des Bestandes von 1934, brüten heute in Deutschland" ... denn es „überleben immer noch zu wenige Jungvögel." Und das gewiss nicht, weil sie sich – etwa im Hinblick auf den Bevölkerungsrückgang – aus Verzweiflung das Leben nehmen, sondern weil sie oft zu wenig Futter bekommen, wie etwa 2007: Da verursachte in Süddeutschland ein „Wettersturz" ein „Massensterben" von Jungstörchen, für das

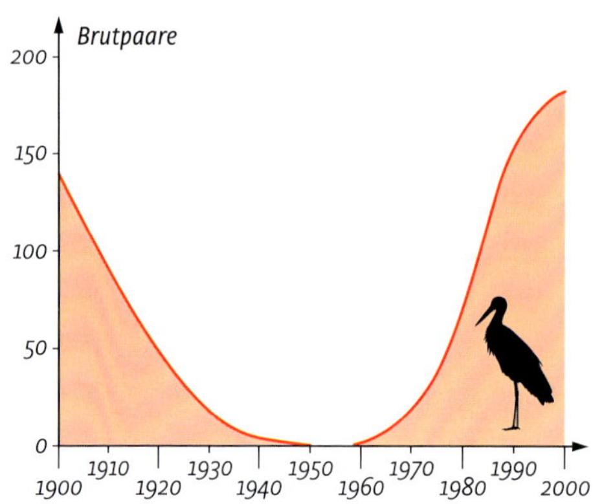

Der Weißstorchbestand in der Schweiz: Abnahme bis zum Aussterben 1950, ab 1960 Entwicklung einer eingebürgerten semidomestizierten Population

„Unterversorgung mit Futter" erkannt wurde[234]. Auch im Normalfall leiden Störche seit Langem vielerorts unter erheblichem Nahrungsmangel, was ihren Rückgang beschleunigte und ihren Bruterfolg stark reduziert. So gab es in Süddeutschland bei stabiler Population bis zum Jahr 1959 2,8 flügge Junge pro Brutpaar, 1979 nur 2,3[11] und heute sind es gerade noch ca. 1,6[184]. Diese wenigen Nachkommen können den Bestand nicht erhalten. Bei Zufütterung wurden in unserem Institut hingegen meist drei bis fünf kräftige Junge flügge, und ähnlich gute Ergebnisse liegen von anderen gut gefütterten Storchenansiedlungen vor, so etwa vom Affenberg bei Salem. Von dort stammt die bisher beste Studie über positive Auswirkungen des Zufütterns bei Störchen. Daten von über 500 Bruten von 80 Nestern, die Hilgartner u. a. (2014)[109] von 1990 bis 2012 ermittelten, zeigen: Störche, die nahe der Futterstelle brüten, haben normalen Bruterfolg, und mit jedem Kilometer Entfernung vom Futterplatz sinkt der Bruterfolg um 8 %! Ähnliche Ergebnisse beschreiben Djerdali u. a.[68].

Mit dem heutigen Wissen ist sicher: Wer mit Kunsthorsten Störche in nahrungsarme Gebiete lockt und sich nicht um ausreichende Versorgung der Vögel kümmert, verstößt gegen das Tierschutzgesetz. Er handelt etwa so, als würde er seinen Hund losschicken, sich sein Futter gefälligst selbst zu beschaffen, da er ja schließlich vom Wolf abstammt, ohne Rücksicht darauf, dass heute erreichbare Beutetiere fast überall fehlen. Den „Vogel abgeschossen" hat „Storch Schweiz" (2009/10, 39: 7) mit dem Beschluss, „konsequent nicht mehr zu füttern", da „pathologische Untersuchungen … ergeben haben … dass zusätzlich gefütterte Vögel oft unter Übergewicht und … Verfettung … leiden". Da fehlen einem die Worte, und die einem einfallen, mag man lieber nicht schreiben, außer vielleicht: faule Ausreden! Denn längst ist erwiesen: Störche legen sich für Notzeiten erhebliche Fettdepots an, die sie vor Wanderungen und der Brutzeit wieder abbauen[25].

Auch zu beachten: Sicher ist das Anlegen von Futterteichen (mit Amphibien, Fischen) zur Unterstützung von Brutstörchen sinnvoll, aber unsere Erfahrungen im „Biotopverbund Bodensee"[29] zeigen, dass es Jahre dauert, bis Störche damit einigermaßen versorgt sind. Auch aus weiteren Gründen wird das Zufüttern von Störchen künftig absolut sinnvoll und oft notwendig sein. Zum einen überwintern bei uns immer mehr Störche – bis in Höhenlagen wie das Allgäu –, und zum anderen zeigen Studien aus Polen: Nur normalgewichtige Jungstörche haben eine Chance, als Brutvögel zurückzukehren, untergewichtige hingegen täuschen zwar Bruterfolg vor, nutzen aber der Arterhaltung nichts.

Erfolgsgeschichte Sperlingsansiedlung

Über unsere Schafhaltung, das damit zusammenhängende Auftauchen von Haussperlingen und die nachfolgende Einrichtung von Ganzjahresfütterungen gelang es uns, wie berichtet eine Haussperlingspopulation von inzwischen über 50 Brutpaaren neu aufzubauen. Die Vögel brüten in Gebäuden am Ortsrand, inzwischen auch in Nistkästen am Haus und Schafstall, und verbringen praktisch den ganzen Tag in der Nähe und weiteren Umgebung der beiden Fütterungen, sodass es bei uns überall „schilpt" wie auf Bauernhöfen „in der guten alten Zeit". In bis zum Dach wucherndem Klematis, Kletterrosen- und Ligusterbüschen finden sie Schutz bietende Aufenthaltsplätze.

In Verbindung mit Nistkästen konnten wir zudem eine Population von rund 50 Feldsperling-Brutpaaren ansiedeln – die größte weit und

01

02

03

01 An Bodenfutterstellen mit Fleisch und Fisch erscheinen oft Großvögel wie Bussarde, Graureiher, aber auch Kolkraben oder Adler.

02 Außer im Futterhaus oder -silo kann Futter wie Hirsekolben – im Bild mit Feldsperling – auch frei aufgehängt werden, dann aber vor Regen geschützt.

03 Während Grünlinge an den meisten Futterstellen erscheinen, sind Spatzen vielerorts so selten geworden, dass sie überall zugefüttert werden sollten.

breit. Diese Ergebnisse mögen bescheiden erscheinen, aber sie seien aufgeführt, weil sie von vielen leicht nachvollziehbar sind. Und bereits Kraft[124] konnte bei mehrjähriger Ganzjahresfütterung in drei Jahren eine Feldsperlingspopulation von einem Paar auf elf Paare vergrößern. Ähnliche Ergebnisse liegen auch aus Großbritannien vor. Erfolge zeigen sich vor allem, wenn Feldsperlingen nicht nur Futter, sondern auch Nistkästen geboten werden und Feuchtgebiete in der Nähe ausreichend Insekten zur Jungenaufzucht bieten[51, 94, 181].

Erfolge auch bei Stieglitz, Gimpel, Buntspecht, Greifvögeln, Eulen, Tauben, Star u. a.

In Großbritannien gelang es, die selten gewordenen Stieglitze mit speziellen Sämereien wieder stark zu vermehren. Wir erfahren sogar: Im Winter 2008/2009 hat der „Distelfink" die Liste der „Top 12"-Arten der Futterstellenbesucher erreicht – großartig! Das wäre ein Traumziel für die nun auch bei uns stetig zunehmende Ganzjahresfütterung. Ebenso nahm in Großbritannien der Bestand des Gimpels in Gärten seit Mitte der 1990er-Jahre um gut das Sechsfache zu, die Buntspechtpopulation hat sich im Zuge der Futterstellennutzung[212] verdoppelt, und Birkenzeisige ziehen weniger nach Mitteleuropa, besuchen dafür zunehmend Futterstellen, ebenso Kolkrabe und Rotmilan[207]. Rotmilane werden in England in fast 5 % der Hausgärten gefüttert, was die Ausbreitung der dort wieder angesiedelten Art sehr begünstigt[169]. Über interessante Ergebnisse an Turteltauben berichten Rocha & Quillfeldt[190]. Erstaunlich sind auch positive Effekte, die bei Stein- und Rauhfußkauz erreicht wurden: höherer Bruterfolg, längere Lebensdauer und Reduktion des Aufwandes zum Beutemachen[117, 175, 197].

Hauptgewinner: die Fortpflanzung

Die Fülle positiver Nachweise auf Bereiche der Fortpflanzung ist geradezu erdrückend. Zufütterung verfrüht bei vielen Stand- und Zugvögeln den Legebeginn und erhöht die Gelegegröße (Eizahl). Nager u. a.[161] fasst Untersuchungen dazu an über 15 Vogelarten in rund zehn Ländern bis 1997 zusammen. Ruffino u. a. (2014)[194] behandeln in einer großen Übersicht die „zumeist positiven" Auswirkungen des Zufütterns auf viele Parameter der Fortpflanzung von 201 Studien in 82 verschiedenen Regionen. Die wichtigsten Ergebnisse sind:

- Zufütterung verfrüht oft den Legebeginn, vor allem bei Mangel an natürlicher Nahrung (wie heute die Regel), und zwar im Mittel um etwa eine Woche (1 bis 25! Tage). Dadurch verlängert sich die Zeit für Jungvögel, bis zum Winter hin selbstständig zu werden, und die Chancen für Ersatz- und Zweitbruten nehmen zu, was den Bruterfolg erheblich steigern kann. Verfrühte Legebeginne werden sowohl mit energie- als auch mit eiweißreicher Zufütterung erzielt.
- Weiterhin erhöht Zufütterung bei vielen Arten die Gelegegröße, und zwar um bis zu 20 %[161].
- Zudem kann zusätzliche Fütterung mit energie- und mit eiweißreicher Nahrung (Sonnenblumenkerne bzw. Mehlwürmer) die Eigröße steigern[202] und die Eiqualität verbessern, wie an einer Reihe von Arten gezeigt, und die Eiablagefrequenz kann sich erhöhen[66, 102, 125, 182, 185, 187].

Diese positiven Effekte bewirken häufig mehr ausfliegende Jungvögel, also höheren Bruterfolg. Voraussetzung ist, dass die Fütterung nicht zu früh in der Brutperiode abgebrochen wird[161] – sie sollte idealerweise ganzjährig stattfinden.

Demgegenüber stehen nur ganz vereinzelte Arbeiten mit negativen Befunden, wie z. B. von Plummer u. a. 2013[179] an Blaumeisen (geringerer Fortpflanzungserfolg bei Zufütterung). Ursache für diesen Misserfolg war, dass nur Fett zugefüttert wurde, sofern nicht weitere Negativfaktoren übersehen wurden.

Ein schönes Beispiel für höheren Bruterfolg: In einem großen Freilandversuch wählten Robb und Mitarbeiter[187] in Irland zehn Waldflächen von 12 bis 14 Hektar Größe als Versuchsgebiete

Blaumeise an Spender für einen Meisenknödel – gut geeignet etwa für den Balkon, wenn dort nur wenige Vögel erscheinen, sonst zu aufwändig in der Verabreichung

und zehn entsprechende Gebiete als Kontrollflächen aus. Im Versuch bekamen Vögel den Winter hindurch Zusatzfutter an Futterstellen, Versuchsvögel waren Blaumeisen. Auf den Versuchsflächen legten sie 2,5 Tage früher Eier und brachten im Mittel pro Brut einen Jungvogel mehr zum Ausfliegen. Der höhere Bruterfolg wird auf die bessere Nährstoffversorgung der Alt- und der Jungvögel zurückgeführt.

Ein weiteres wichtiges Ergebnis: Wurden Haussperlingen während der ganzen Brutperiode Mehlwürmer zugefüttert (als Eiweißquelle), brachten sie deutlich mehr Junge zum Ausfliegen als Kontrollvögel[170, 172]. Sicher kostspielig, aber empfehlenswert für diejenigen, die die Mittel dafür aufbringen können, und in Zukunft wohl besonders wichtig (Seite 84). Auf unserer Versuchsfläche in Billafingen konnten wir durch Zufüttern die Brutvogeldichte in Nistkästen (v. a. bei Meisen, Feldsperlingen) deutlich steigern (Abbildung Seite 28). Trotzdem finden wir in den Nestern kaum tote Jungvögel mehr auf – ein sicherer Beleg dafür, dass die Brutvögel keinesfalls aus „Bequemlichkeit falsches Futter" an ihre Jungen verfüttern, wie immer wieder behauptet.

Gute Nahrungsgrundlage kann auch die Brutreife verfrühen: Jungstare, in der Vogelwarte Radolfzell in Außenvolieren gehalten, brüteten bei guter Fütterung bereits im ersten statt im zweiten Lebensjahr und vergrößerten damit ihr Vermehrungspotenzial erheblich[16].

Besonders bedeutsam sind Langzeitauswirkungen der Zufütterung bis in nachfolgende Generationen. An Kohlmeisen wurde gezeigt, dass Nestlinge mit relativ hohem Gewicht (das sie erreichen, wenn Elternvögel infolge von Zufütterung ausreichend Nahrung beschaffen können) später in ihren eigenen Bruten ebenfalls relativ schwere Jungvögel und hohen Bruterfolg aufweisen[216]. Müssen Jungvögel hingegen bei schlechter Versorgung mit sogenannten Hungerstreifen in ihren Federn ausfliegen, werden sie deutlich häufiger Opfer von Greifvögeln als Artgenossen mit normalem Gefieder[153].

Ähnliche Langzeiteffekte werden auch bei anderen Arten wie der Dreizehenmöwe oder amerikanischen Rotschwänzen festgestellt[195, 221].

Geradezu bilderbuchartig lassen sich verschiedene positive Einflüsse des Zufütterns auf die Fortpflanzung beim chinesischen Rostkehl-Keilschwanzhuhn beobachten[232]. Abschließend noch eine wichtige Studie im Hinblick auf mögliche Konkurrenz durch infolge von Zufütterung begünstigte Stand- und dadurch benachteiligte Zugvögel - von Gegnern des Fütterns gern behauptet. Eine vergleichende Studie an Kohlmeisen und Trauerschnäppern ergab:

Brüteten beide in enger Nachbarschaft, brachten Kohlmeisen weniger Junge zum Ausfliegen, und die Schnäpper hatten schwerere Nestlinge[78]. Bei der Dominanz der Meisen hätte man das Umgekehrte erwartet. Wenn auch die Zusammenhänge dafür noch unklar sind, zeigt das Beispiel dennoch: Das Zufüttern von Kohlmeisen im Winter und deren eventuell erhöhte Dichte im Frühjahr müssen später Zugvögeln wie Trauerschnäppern nicht zum Nachteil gereichen.

Verringerte Sterblichkeit, erhöhte Widerstandskraft

Die beschriebene durch Zufütterung regelmäßig bewirkte Bestandszunahme und Neu- oder Wiederansiedlung vieler Arten beruht neben besserem Bruterfolg auch auf verringerter Sterblichkeit. So vermindern Futterstellen die Wintersterblichkeit amerikanischer Zaunkönige und wohl auch deren Wegzug[119]; bei Junkos reduzieren sie die Aktivität und die Aufenthaltsgebiete im Winter[192], was den Energiehaushalt verbessert. Bei Meisen und anderen Arten kann Zufüttern ebenfalls die Wintersterblichkeit senken, die Kondition verbessern[113], zur Besiedlung neuer Gebiete und weniger bevorzugter Habitate führen und bei Invasionsvögeln wohl auch die Zugwege verkürzen[63, 227]. Detaillierte Ergebnisse liegen von Danner u. a. auch für die Sumpfammer vor. Eine außerordentliche wichtige Studie verdanken wir Wilcoxen u. a. 2015[226], die zeigt: Vögel können an Futterstellen u. U. ein höheres Infektionsrisiko haben, aber dieser negative Effekt wird dadurch minimiert, dass Zufütterung verbesserte physiologische Kondition einschließlich ihrer Immunabwehr bewirkt. Und der negative Effekt lässt sich durch Hygienemaßnahmen reduzieren. Verbesserte Kondition (Hormonhaushalt, physiologischer Stress usw.) durch Zufütterung wurde auch in anderen Studien nachgewiesen[83, 86].

Wer ganzjährig Fettfutter anbietet, kann in der Nähe von Mischwäldern auch mit dem seltenen Mittelspecht rechnen.

Begünstigte Mauser, reduzierter Wegzug

Haben Vögel die enormen Anstrengungen der Brut hinter sich, bei der ihnen Zufüttern viel helfen kann, steht neuer Stress bevor: Gefiederwechsel in der Mauser und bei Zugvögeln der Wegzug. Auch dafür können Futterstellen viel helfen. Zufüttern kann den Mauserbeginn verfrühen[64] und das Federwachstum beschleunigen[226]. Im Zuge der Klimaerwärmung reduzieren viele unserer Vogelarten ihren Zugumfang bis hin zu Standvögeln[30]. Bei dieser Umstellung, die ihnen die Risiken des Ziehens erspart, kann ihnen Zufüttern sehr helfen, wie Untersuchungen an verschiedenen Arten zeigen[30, 119, 227].

Keine Futterabhängigkeit, kein „Totfüttern", keine Ausfälle

Unsere Beringungs- und Beobachtungsergebnisse zeigen: Vögel nutzen Futterstellen je nach Art nur zu bestimmten Zeiten im Jahr und dann meistens nur für eine oder wenige „Mahlzeiten" am Tag (z. B. Spechte, Eichelhäher) oder für eine Reihe von über den Tag verteilten Futteraufnahmen (z. B. Meisen, Kleiber, Amsel) und gehen zwischendurch regelmäßig stundenlang auf Suche nach natürlicher Nahrung. Überwiegende Körnerfresser wie v. a. Haussperling und Grünling verbringen insbesondere bei Schnee auch längere Zeit an Futterstellen, suchen aber bei offenem Boden ebenfalls *stundenlang* natürliche Nahrung. Feldsperling und Goldammer fressen bevorzugt vormittags und nochmals kurz vor Einbruch der Dunkelheit am Futterplatz, um danach mit gefülltem Kropf zum Schlafplatz zu fliegen, und Hauben- und Tannenmeisen nehmen wie auch andere Arten[5] oft nur vor dem Schlafengehen Fett auf für die Nacht, Goldhähnchen mehr frühmorgens. Von einer „Futterabhängigkeit" im Sinne einer „Wohlstandsverwahrlosung" kann somit keine Rede sein, was auch frühere Untersuchungen deutlich machen[106, 124].

Wie Beobachtungen schnell erkennen lassen, füttern weder Meisen noch Stare oder Körnerfresser wie Haus- und Feldsperling ihre Jungen einfach mit „falschem" Futter von Futterstellen, auch wenn im Überfluss vorhanden, sondern überwiegend mit oft mühsam gesammelten Insekten, Spinnen, Schnecken u. a. Häufig nehmen Altvögel (Meisen, Stare u. a.) *zwischen den Fütterungen ihrer Jungen selbst* energiereiche Nahrung an Futterstellen – sehr gern von Meisenknödeln – auf. Das hilft z. B. Staren, das

Amseln als Allesfresser gehen gern an Fett – so offen wie im Bild sollten jedoch Knödel nicht angeboten werden, so werden sie zu leicht verschleppt.

heute oft nur mit viel Aufwand in großer Entfernung von der Nisthöhle zu erreichende Futter (vielfach Larven der Wiesenschnake) überhaupt in einigermaßen ausreichender Menge für erfolgreiche Jungenaufzucht zu beschaffen (siehe auch Seite 100). Studien an Kohl- und Blaumeisen ergaben, dass bis zu etwa 15 % der Nestlingsnahrung von Futterstellen stammen können[60]. Das ist unbedenklich bis *gut so*, wenn man bedenkt, dass viele Arten bei Insektenmangel sonst Beeren verfüttern, z. T. in großen Mengen[107]. Da Beeren Jungvögeln zwar die Mägen füllen, aber nur wenige Nähr- und Aufbaustoffe zuführen[19], ist Zufüttern von nahrhaften Futtermitteln an Futterstellen ohne Zweifel vergleichsweise *vorteilhaft*.

Natürlich kommt es vor, dass Meisen und andere bei Insektenmangel gelegentlich wirklich falsches Futter an ihre Jungen verfüttern, wie z. B. Leberwurstreste, die unsinnigerweise ins Futterhaus gelegt worden sein mögen. Aber auch an derartigem Futter sterben die wenigsten Jungvögel. Wie jeder erfahrene Vogelhalter von der Handaufzucht her weiß, wird ungeeignetes Futter von gesunden Jungvögeln nämlich meistens rasch ausgeschleudert – etwa salzhaltige Nahrung oder Quark, wenn er säuert. Jungvögel werden also nicht einfach von „dummen" Eltern totgefüttert. Ein vermeintlicher Spezialfall wird auf Seite 90 behandelt. Weit mehr Jungvögel sterben, wenn in Hausgärten mit Giftspritzen herumgewerkelt wird, etwa an Rosensträuchern oder wenn Gifte gegen Schnecken und sonstiges „Ungeziefer" ausgebracht werden, häufig unsachgemäß und im Übermaß. Damit wird schnell natürliche Nahrung für Jungvögel kontaminiert, die ihnen dann sicher den Tod bringt.

Zwei Fakten belegen klipp und klar, dass herbeigeredete Vogelverluste an Futterstellen, die

Das leuchtend rote Gimpel-Männchen gehört zu den beliebtesten Erscheinungen an Futterstellen. Hoffentlich nehmen die Gimpelbestände durch Fütterung wieder zu.

zurückgehen sollen auf das Füttern, zumindest äußerst gering sein müssen: die ständig, auch über Jahre zunehmende und nicht abnehmende Anzahl von Futterstellenbesuchern[124] und die hohe Wiederfangrate von an Futterplätzen beringten Vögeln. Sie beträgt bei unseren Beringungsprogrammen häufig über 50 % und zeigt, dass die Zusammensetzung von Futterstellen besuchenden Populationen aus jungen, alten und sehr alten Individuen dem Altersaufbau normaler Populationen entspricht, die nicht zugefüttert werden. Wie gut es Vögeln an Futterstellen geht zeigt u. a. auch, dass wir selbst bei den nur wenig beringten Wintergoldhähnchen zwei höchst seltene Wiederfänge verzeichnen (Alberweiler: beringt 2015, Kontrollfang 2016, Billafingen: beringt 2014, Kontrollfang 2016).

Ablenkungsfütterung

In jüngerer Zeit wurde eine besondere Art von Zufüttern entwickelt: die Ablenkungsfütterung. Mit ihr können Schäden an landwirtschaftlichen Nutzpflanzen, anderen Tierpopulationen usw. verhindert werden. Mit großflächig ausgebrachten Maiskörnern z. B. werden Kraniche davon abgehalten, in Feldern mit aufkeimender Getreideaussaat Schäden anzurichten (in Israel jährlich in einem 600 000 € teuren Programm für 120 000 Kraniche, Spiegel ONLINE 2016), und mit dem Zufüttern von Kornweihen werden in Großbritannien Bestände von Moorschneehühnern geschont[116]. Auf ähnliche Weise ließen sich sicher Graureiher von Fischteichen, Gänse von aufkommendem Getreide usw. ablenken. Für den Raum Wiesbaden haben wir eine spezielle Ablenkungsfütterung für Halsbandsittiche in Obstanlagen vorgeschlagen, über die das ZDF berichtete. Mit Zufüttern lässt sich sicher noch viel erreichen – etwa Spechte davon abbringen, Hauswand-Wärmedämmungen aufzuhacken. Ganzjahresfütterung ist auch insgesamt eine Ablenkungsfütterung, die viele Vögel davor bewahren kann, mit Pestiziden behandelte Sämereien in der Feldflur fressen zu müssen[141, 142].

Zum Schluss: Erheiterndes

Hier soll noch eine Beobachtung erwähnt werden, die bei einigen wohl überraschten Forschern und im Gefolge sensationslüsterner Medienvertretern grotesk diskutiert wurde. Die simple Feststellung: Zugefütterte Kohlmeisenmännchen fangen morgens später an zu singen[196]. Die Kette von Schlussfolgerungen: verändertes Revierverhalten – eventuell weniger überwachte und damit untreue Weibchen – vielleicht Auswirkungen auf den Fortpflanzungserfolg – und deshalb zur Vorsicht „spätestens Ende März mit dem Füttern aufzuhören, damit die Tiere im April ungestört dem Brutgeschäft nachgehen können" (z. B. „Gefiederte Welt" 2011: 5). Schlimmer geht's nimmer! Seit Jahrzehnten wissen wir, dass gut genährte Vögel weniger und hungrige mehr aktiv sind – für die Hyperaktivität Letzterer wurde sogar der Begriff „Hungerunruhe" geprägt. Ihr zufolge rennen etwa hungrige Hühner schon im Dunkeln gackernd im Stall umher, gut gefütterte hingegen schlafen lange, oder magere Zugvögel streifen in Rastgebieten von früh bis spät weit umher, während zugfette Artgenossen schon nachmittags „Nickerchen" machen[30]. Und Stadtvögel erscheinen im Winter bei günstigeren Umweltbedingungen morgens später an Futterstellen als Vögel auf dem harscheren Lande[165]. Freuen wir uns also, wenn gut gefütterte Kohlmeisenmännchen morgens etwas länger schlafen können als hungrige – das ist normal, sicher der Kondition förderlich und unbedenklich.

Zunächst ist nämlich davon auszugehen, dass auch gut gefütterte Weibchen länger schlafen (was die Autoren aus Erfahrung bestätigen können) und deswegen kaum vermehrt „fremdgehen" dürften. Und wenn schon: Das ist bei den meisten Singvögeln und gerade auch bei Meisen normal! Tannenmeisen z. B., vorwiegend im Nadelwald lebend und von Futterstellen kaum beeinflusst, ziehen in ihren Bruten im Durchschnitt über 80 % (!) uneheliche Jungvögel infolge „Fremdgehens" auf, obwohl die Eltern in enger Paarbindung leben[4]. Also: Viel Geschrei um nichts, v. a. im Hinblick auf die enorm großen nachgewiesenen Vorteile, die gerade auch Kohlmeisen durch Zufüttern erfahren – von höherer Siedlungsdichte bis zu besserem Bruterfolg selbst in nachfolgenden Generationen.

Und – Ironie des Schicksals: An Blaumeisen wurde kürzlich nachgewiesen, dass sie in Städten – bedingt durch Kunstlicht – im Mittel 80 Minuten früher (!) zu singen anfangen als unter natürlichen Bedingungen (MPI für Ornithologie, Welt am Sonntag, 17. 07. 2011). Aber was man nicht alles „erforschen“ und daraus machen muss, wenn einem vielleicht sonst nichts einfällt …

Fazit

Viele Hunderte Untersuchungen der Fütterung wildlebender Vögel ergaben:

1. Wildlebende Vögel lassen sich auch bei erheblichem Nahrungsmangel in ihrem Lebensraum nicht einfach durchfüttern, werden auch bei Dauerfütterung nicht abhängig, sondern suchen sich, wenn möglich, ihre fast immer bevorzugte natürliche Nahrung selbst. All unser Vögelfüttern ist somit immer „Zufüttern“.
2. Zufüttern hat fast immer positive Auswirkungen auf nahezu alle Lebensbereiche wie Vitalität, Überleben, Fortpflanzung, Mauser, Zug-Standvogelverhalten u. a., selten keine (wenn genügend natürliche Nahrung verfügbar), und nur vereinzelt wurden negative Auswirkungen bekannt. So kann in der Nähe von Futterstellen die Unglücksrate von Vögeln an Glasscheiben ansteigen[129], wogegen sich jedoch vorbeugen lässt. Und selbst gelegentlich an Futterstellen erhöhte Infektion durch Krankheitserreger wird bei weitem relativiert durch verbesserte Kondition, Immunabwehr u. a., bedingt durch Zufüttern. Die kürzlich in den USA aufgeworfene Frage, ob Futterstellen Singvögeln eher schaden als nutzen könnten, weil sie (auch) Prädatoren wie Krähen begünstigen (Malpass[143]), wurde schnell ad absurdum geführt. Rodewald u. a.[191] hatten nämlich bereits 2010 für dasselbe Gebiet gezeigt: Die Zunahme von Prädatoren in Siedlungsgebieten mit Futterstellen erhöht den Druck auf Singvögel nicht, da sie dort vermehrt von Abfällen usw. leben. Und eine kürzlich in England durchgeführte Studie[101], nach der in Kunstnestern ausgelegte Eier in der Nähe von Futterstellen eher geplündert werden (durch Elstern u. a.) als anderswo, spricht keineswegs gegen Fütterung. Treten an Futterstellen vermehrt Nesträuber auf, werden Vögel erfahrungsgemäß dort Nester eher weniger oder sehr versteckt anlegen.

Welch' herrlicher Anblick – ein graziles Schwanzmeisenpaar am Meisenring!

Da mit systematischer Zufütterung – vor allem Ganzjahresfütterung – viele und auch immer mehr gefährdete und sogar vom Aussterben bedrohte Arten erreicht werden, ist das Füttern wildlebender Vögel inzwischen absolut praktizierter Vogel-, Arten- und Naturschutz, und noch dazu der einzige mit sofortiger Wirkung. Und im Umkehrschluss: Wer heute noch das Füttern wildlebender Vögel (mit Einschränkung bei Straßentauben und Wasservögeln, siehe unten) ablehnt, ist kein Vogelfreund, sondern ein Vogelfeind – sei es aus Dummheit oder niedrigen Beweggründen. Und nun frohen Herzens und besten Gewissens zur Praxis!

VÖGEL FÜTTERN IN DER PRAXIS

— *Planung, Futterspender und Futtermittel*

Bei regelmäßiger Fütterung lassen sich auch die winzigen Wintergoldhähnchen an Futterstellen gewöhnen.

PLANUNG: VÖGEL FÜTTERN

FÜTTERUNGSPLAN UND FUTTERSTELLEN

Vögel lassen sich nahezu überall füttern, auch im Häusermeer der Großstadt und an relativ hohen Häusern. Der ideale Platz für eine Futterstelle ist allerdings der Hausgarten und optimal, wenn er sich in Ortsrandlage, in Verbindung zu Streuobstwiesen, Gebüschzonen und Wald befindet. Gleichermaßen günstig sind Futterplätze in Schrebergärten oder, etwa von Vogelschutzverbänden unterhalten, in Parks, Schutzgehölzen oder in der Nähe von Friedhöfen. Aber es eignen sich durchaus auch Hausterrassen, Balkone oder Wintergärten – umso besser, je näher sie zu Gärten oder sonstigem Bewuchs gelegen sind. Je mehr natürlicher Lebensraum Futterstellen umgibt, desto mehr Arten und Individuen werden sie nutzen. Den eigenen Hausgarten sollte man um die Futterplätze herum möglichst zu einer regelrechten Oase für Vögel und andere Tiere gestalten (siehe Seite 120), in der Futterstellen dann das i-Tüpfelchen sind.

Bei der Anlage von Futterstellen ist grundsätzlich zu beachten: Zu vermeiden ist die Nähe von stärker befahrenen Straßen sowie von gegen Vogelanflug ungeschützten Fensterscheiben (die jedoch gegen Vogelschlag gesichert werden können, Seite 114). Günstig ist die Nähe von Bäumen und Büschen, die idealerweise in Zuleitfunktion von mehreren Seiten auch versteckt lebenden Arten wie Zaunkönig, Grasmücken

Erlenzeisige an Fettknödeln: Fett brauchen sie alle – sommers wie winters –, auch diese kleinen „Körner"fresser.

Ein Futtersilo mit Sonnenblumenkernen – gerade recht für den Kleiber, der hier Kerne als Vorrat holt

u. a. den Zugang zum Futter erleichtern. Dabei ist Sorge zu tragen, dass Katzen in der Nähe von Futterstellen nicht leicht Deckung finden. Gegen Katzen und andere unerwünschte Gäste sind verschiedene Abwehrmaßnahmen möglich (siehe Seite 106).

Ist genügend Platz vorhanden, sollte man unbedingt *mehrere* Futterplätze anlegen. Mit einer Reihe von Futterspendern kann man weit mehr Arten und Individuen dienen als mit nur einem einzigen Futterhäuschen. Mehrere Anlagen vermindern zudem die Konkurrenz und den Einfluss von Räubern und vereinfachen Hygienemaßnahmen. Ein Futtersilo und Meisenknödel am Balkon z. B. erleichtern die Beobachtung von Wintergästen; Futterstellen im Garten hingegen werden von Vögeln lieber aufgesucht. Sinnvolle Kombinationen von Futterspendern werden unten beschrieben.

Wer vorhat, richtig ins Vögelfüttern zur Erhaltung der Artenvielfalt – und dann natürlich möglichst mit einer Ganzjahresfütterung – einzusteigen, sollte zunächst abschätzen:

- mit wie vielen Vögeln ist an meinen Futterstellen langfristig zu rechnen und
- was bedeutet das an Futter und Aufwand, und wie kann ich das gewährleisten?

Da Schätzungen für frisch angelegte Futterstellen nur recht grob sein können und man vor Überraschungen nie sicher sein kann (vielleicht erscheinen unerwartet scharenweise Stare oder Trupps von Dohlen oder Halsbandsittichen), empfiehlt sich vor der Einrichtung größerer Futteranlagen eine Testphase. Die darf ruhig ein Jahr dauern, denn eine längere Zeit stabile Gemeinschaft von Futterstellenbesuchern baut sich über Jahre auf.

Steht kein Hausgarten für eine Fütterungsanlage zur Verfügung, lässt sich sicher in den meisten Gemeinden an einem Feldgehölz, Waldrand o. Ä. ein Vogelschutzgarten anlegen, in dem Vögel mit Fütterungen, Tränken, Nistkästen u. a. versorgt werden können. Die meisten Ge-

Ein idealer Meisenknödelspender – ein Gittersilo –, für den Kleiber auch kopfunter gut zu nutzen

meinden werden dafür ein Grundstück zur Verfügung stellen, das dann am besten von einer Gruppe von Vogelfreunden unterhalten werden sollte. Ein Ansitz zum Beobachten und Fotografieren könnte zudem die Ausbildung Jugendlicher fördern und solchen kleinen „Vogelschutzgärten mit Fütterung" zu großer Bedeutung verhelfen.

MIT WELCHEN ARTEN UND WIE VIELEN VÖGELN IST ZU RECHNEN?

Sichere Voraussagen, wie viele Arten und Individuen an eine bestimmte Futterstelle kommen werden, sind beim besten Willen nicht zu machen. Dazu sind die dafür verantwortlichen Faktoren meist zu wenig bekannt, etwa, wie viele Vögel in der Umgebung leben, wie schnell sie eine neue Futterstelle annehmen oder wie weit sie schon andere Futterplätze in der Nähe nutzen. Jedoch sind grobe Abschätzungen möglich, und die sind sinnvoll im Hinblick auf die Bereitstellung der Menge und Art von Futter, die Kosten, die durch die Fütterung entstehen können, und auch die besonderen Erlebnisse, die zu erwarten sind. Dabei bleibt die Einrichtung einer Futterstelle zu einem Gutteil ein Abenteuer, das auch noch nach Jahren immer wieder große Überraschungen bringen kann, etwa wenn bei einer Invasion erstmals Seidenschwänze am Futterhaus auftauchen, ein Schwarzspecht Meisenknödel zerfleddert oder ein Merlinfalke erscheint, um Kleinvögel zu jagen.

Aber zunächst zum Normalfall. In der Innenstadt kann man im Winterhalbjahr mit bis zu etwa 15 Arten rechnen – neben Kohl- und Blaumeise, Haussperling, Grünling und Amsel v. a. mit Kleiber, auch Buntspecht, Türken- und Ringeltaube, ferner Star sowie Rotkehlchen, Hausrotschwanz, Heckenbraunelle und Mönchsgrasmücke, auch Buch- und bei Invasionen Bergfink. Im Außenbereich kann die Artenzahl deutlich höher bei 20 bis 50 liegen[135].

In Großbritannien besuchen durchschnittlich etwa 17 bis 21 Arten im Winter Futterstellen in Gärten im Stadtbereich, auf dem Lande 20 bis 23, die jährlichen Maxima liegen bei 34 bis 46 Arten. Insgesamt wurden in Großbritannien von 1970 bis 2005 an Futterplätzen 165 Arten registriert[88, 90], bis 2009 sogar 175 Arten, darunter Raritäten wie Wanderfalke und Zwergtaucher. Der am besten besuchte Garten wies in einem Jahr 59 Arten auf![89]

Manche Arten gewöhnen sich gerade erst an Futterstellen, wie der Birkenzeisig[70], oder Goldhähnchen lernen, von Erdnüssen zu fressen[148]. Wir beobachten an unseren Futterstellen im Jahr etwa 40 Arten und registrierten bisher über die Jahre insgesamt 72 Arten, bis 2011 82, und 2015 kam als 83. Art die Klappergrasmücke hinzu, die auch J. Heuer (briefl.) im selben Jahr am Futterplatz beobachtete. Kraft[124] stellte an der Ganzjahresfutterstelle 61 Arten fest, darunter auch Grünspecht, Baumpieper, Heidelerche, Neuntöter, Gartengrasmücke, Fitis und Karmingimpel, später sogar 88 Arten[125]. Die Zusammenstellung zeigt: An Futterstellen erscheinen nicht nur „gewöhnliche" Arten, sondern auch seltene, sehr seltene oder selten gewordene. Dies gilt selbst für fast ausgestorbene wie Rebhuhn (an der Futterstelle am Schafstall bei uns bis 1980), Grauammer oder Ortolan (O. Holynski briefl.). Dass von solchen Arten immer nur wenige zur Fütterung kommen, liegt in der Natur der Sache – es gibt eben nur noch wenige von ihnen. Aber u. U. können wir durch Zufüttern manchem Brutpaar derartiger Seltenheiten zu Nachwuchs verhelfen, der die Art bei uns weiter erhält.

Nun zu den Individuen: In der Innenstadt kommen – je nach Größe der Brutpopulationen – an normalen Tagen oft nur ein paar Dutzend Vögel an Futterstellen und im Jahresverlauf insgesamt nur bis zu etwa 100 Individuen. Im Außenbereich können die Werte um ein Vielfaches höher liegen. So besuchten nach unseren Beringungsergebnissen die Futterstelle der Vogelwarte bei Schloss Möggingen jährlich mindestens 1000 Vögel, vor allem ca. 350 Kohlmeisen, je 150 Grünlinge und Blaumeisen, 90 Feldsperlinge und je etwa 50 Sumpfmeisen und Goldammern. An unseren Futterplätzen in Billafingen und Alberweiler stellen sich jährlich Tausende von Individuen ein, dabei an einzelnen Tagen mit geschlossener Schneedecke weit über 1000, darunter je über 100 Goldammern, Stare, Zeisige, Buch- und Bergfinken, Kohlmeisen, Haus- und Feldsperlinge, je 30 Amseln und Blaumeisen, aber auch zwei bis drei Sperber, bis zu

Jahrelange Ganzjahresfütterung lockt auch immer wieder neue Arten zu Futterstellen, wie in England den Birkenzeisig.

Eine Kokosnuss – der geeignete Spender für Fettfutter, das man aus Rindertalg herstellen kann; Bild mit Sumpfmeise

25 Mäusebussarde und zwei Kolkraben (an ausgelegten Rinderherzen), ferner bis zu fünf Eichelhäher, weitere Meisenarten wie die Weidenmeise, Kleiber, Baumläufer, mehr als zehn Spechte, weitere Finkenvögel einschließlich Kernbeißer, Gimpel, Stieglitz u. a.
Diese hohen Zahlen hängen damit zusammen, dass im Außenbereich mit geringer Futterplatzdichte einzelne Futterstellen große Einzugsbereiche haben – sie können, wie Beringungs- und Telemetriestudien zeigen, mehrere Kilometer betragen[50, 106, 209] und sich z. B. bei Schneeflucht auf über 5 km ausdehnen. Dann können sich Futtergäste aus einem Umfeld von über 25 km^2 einstellen. Vögel können auch aus noch größeren Entfernungen kommen, wenn sie sich einen Futterplatz von früheren Besuchen her „gemerkt" haben[140].
Bei Wintereinbrüchen mit Schneelage und Zugstau können an einer Futterstelle bisweilen über 1000 Stare gleichzeitig einfallen, und die benachbarten Baumwipfel können „schwarz" sein durch weitere Anwärter. Dazu gesellen sich u. U. noch viele Drosseln, Bachstelzen usw. Das war etwa im März 2013 der Fall, als nach Schneefall und Zugstau im Bodenseeraum nur Straßen offen waren, Unmengen Vögel anlockten, von denen an einem Tag über 100 000 dem Verkehr zum Opfer fielen bis auf die, die sich wie bei uns an Futterstellen retten konnten.
Um festzustellen, wie viele Vogelbesuche an einem Tag an einer Großfutterstelle stattfinden, haben wir den Ökologen Manfred Sindt gebeten, an unserer Fütterung am Schafstall in Billafingen an zwei halben Tagen (20. Juli 2011 von 5–13 Uhr und 25. Juli 2011 von 13–21 Uhr) sämtliche Futterstellenbesuche zu registrieren. Es ergaben sich bei insgesamt 19 Arten 4234 bzw. 3622, also für 16 Stunden 7856 Besuche! Die größte Anzahl gleichzeitig anwesender Individuen waren 93 Feldsperlinge. Diese sommerlichen Rekordzahlen gehen fast ausschließlich auf Jungvögel zurück, die nach der guten Brutsaison eine Zeitlang an der Futterstelle „hängen" bleiben, die sie über ihre Eltern kennengelernt haben. Wir sehen: Futterstellenbesuche können von Jahr zu Jahr, jahreszeitlich oder auch von einem Tag zum anderen enorm schwanken und sind nur in beschränktem Maß vorhersehbar.
Kommen viele Vögel an Futterstellen, müssen an manchen Tagen mehrere Kilogramm und im Jahresverlauf Zentner Futter bereitgestellt werden, wenn alle gut versorgt werden sollen. Das sollte man sich klarmachen, bevor man größere ganzjährig betriebene Futterstellen anlegt, für die es dann guter Vorausplanung bedarf.

VON WIE WEIT HER KOMMEN VÖGEL ZUR FUTTERSTELLE?

Für die Anlage von mehreren Futterstellen in größeren Gebieten stellt sich die Frage nach sinnvollen Abständen. Für ihre Beantwortung sollte man den Einzugsbereich kennen, aus dem Vögel im „normalen Alltag" Futterstellen aufsuchen. Das gilt v. a. für die Brutzeit, in der Zufütterung besonders wichtig ist und in der Kleinvögel in der Regel feste Reviere von meist weniger als einem Hektar Fläche bewohnen, wobei das Streifgebiet deutlich größer sein kann.
Bei der Mönchsgrasmücke z. B. können auf einem Hektar Auwald mehr als zehn Paare Reviere gründen, das Streifgebiet hingegen kann mehr als fünf Hektar groß sein[23], und ähnlich sind die Verhältnisse bei vielen anderen Vogelarten[225]. An unserer Waldfutterstelle in Alberweiler haben wir bei Beringungsaktionen in der Brutzeit von April bis Juni überraschen-

01

02

03

derweise an einem Vormittag bis zu 31 Goldammern gefangen, überwiegend Männchen. Da in dem Feldgehölz von nur einem Hektar Fläche höchstens fünf Paare Goldammern brüten und es von Wiesen und Feldern umgeben ist, müssen die zur Brutzeit territorialen Vögel aus größerer Entfernung zur Futterstelle kommen. Um die Distanzen zu bestimmen, wurden am 16. April 2010 acht Goldammermännchen an der Futterstelle gefangen und mit Minisendern (von 0,3 g Gewicht) ausgerüstet. Kurz vor Einbruch der Dunkelheit, wenn die Vögel in ihre Reviere und in die Nähe ihrer Nester „nach

01 *Futtersilos sind ideale Futterspender – sie bieten sauberes Futter, das wenig verstreut wird. Mit Sitzstangen, besser Sitzringen, nutzen sie auch Feldsperlinge.*

02 *Blaumeise und Zeisig friedlich nebeneinander an Fett in Ausstechförmchen – eine Darbietungsform ähnlich dem Meisenring*

03 *Sumpfmeise auf Apfel, den sie natürlich nur als Sitzwarte benutzt. Sicher zu unterscheiden von der Zwillingsart Weidenmeise: durch den hellen Fleck im Schnabelansatz!*

01

Hause" zurückgekehrt sind, wurden die Sender von einem Kleinflugzeug der Vogelwarte Radolfzell (Martin Wikelski) aus geortet. Die durchschnittliche Entfernung der georteten Ruheplätze in den Revieren zur Futterstelle betrug 1,25 km, die maximalen Werte (Vogel 4 und 5 in der Karte auf Seite 70) betrugen 2,1 bzw. 1,6 km. Um zur Futterstelle zu gelangen, mussten diese Vögel z. T. mehrere andere Wäldchen und Feldfluren mit etlichen weiteren Goldammerrevieren überqueren. Nimmt man an, dass die Reviere zentral in den Streichgebieten der Vögel liegen, betragen die Durchmesser dieser Gebiete das Doppelte der gemessenen Strecken. Damit ist wahrscheinlich, dass Vögel auch aus Entfernungen bis gegen 5 km die Futterstelle aufsuchen, zumal bei acht untersuchten Vögeln sicherlich auch nicht die maximal möglichen Distanzen erfasst wurden.

Für die Zeit zwischen Brutperiode und der winterlichen Aktivitätsreduktion (Seite 39) sind noch größere Entfernungen wahrscheinlich, wenn die Vögel weiter umherstreifen. Und bei Kurzstreckenzug und Winterflucht[30] ist nochmals mit größeren Einzugsgebieten zu rechnen. Vögel verfügen über ein phänomenales Raum-Zeit-Gedächtnis[37]. So finden Zugvögel selbst über Zehntausende von Kilometern im Winterquartier ihren Lieblingsschlafbaum, günstige Nahrungsgründe oder im Brutgebiet ihren alten Nistplatz nach Rückkehr wieder[30]. Ebenso können Vögel selbst nach Jahren altbekannte Futterstellen zielsicher wieder aufsuchen, wie durch Ringfunde belegt ist[140]. Für die Praxis heißt das: Großfutterstellen können durchaus mehrere Kilometer voneinander entfernt liegen und dennoch viele Vögel mit Nahrung versorgen.

Die besenderten Ammern wurden nicht nur vom Flugzeug aus geortet, sondern auch über ein Registriergerät an der Futterstelle individuell erfasst. Dabei zeigten sich große Unterschiede von vielen über einige wenige tägliche Besuche der Futterstelle bis hin zu nur einem Besuch alle paar Tage. Ganz ähnlich verhalten sich andere Arten, wie z. B. Hauben- und Tannenmeisen, die oft nur vor dem Schlafengehen Erdnussspender oder Meisenknödel aufsuchen, z. T. auch frühmorgens. Starke individuelle Unterschiede im Futterstellenbesuch sind weit verbreitet[61]. Es wird spannend sein, die Ursachen dafür in Bezug auf das Nahrungsangebot im Revier, das Brutstadium usw. zu ermitteln.

01 *Die Lage von acht Goldammer-Streichgebieten in Beziehung zu einer zentralen Futterstelle („Feeder", gelbe Glocke), ermittelt durch Telemetrie: Die Punkte kennzeichnen die Revier-Zentren und den ungefähren Neststandort.*

02 *Singendes Goldammer-Männchen: Ammern finden in unseren Feldfluren kaum noch Nahrung – ihnen helfen Bodenfütterungen.*

02

FUTTERSPENDER

DAS „GUTE ALTE" FUTTERHAUS

Der bekannteste und häufigste Futterspender für Wildvögel ist das Futterhaus „im Landhausstil" – ein Futterbrett, das auf Säulen ein überstehendes Dach trägt[138]. Es leitet sich vom früheren „Hessischen Futterhaus" und dessen Vorläufern ab und wurde in so vielen Formen variiert über Futterkästen, -lauben oder -krippen bis hin zu mehrstöckigen, an Schlösser oder Taubenhäuser erinnernde Bauten, dass darüber ganze Bücher[77, 157] verfasst wurden.

Die ideale Futterstelle: großes Futterhaus, gut überdacht, mit Futterbrett sowie Futtersilo, Fettknödeln und -ringen, Erdnuss-Spender u. a.

GRUNDVORAUSSETZUNGEN FÜR DAS FUTTERHAUS

— Es sollte für regen Besuch nicht zu klein sein und eine Grundfläche von mindestens einem Viertel Quadratmeter aufweisen, damit sich Vögel nicht ins Gehege geraten.
— Das Dach muss ausreichend weit überstehen, damit das Futterbrett bei Regen und Schnee trocken bleibt.
— Das Dach sollte vom Bodenbrett genügend – im Zentrum mindestens 30 cm – Abstand haben, damit sich auch mehr zögerliche Arten wie Kernbeißer, Stieglitz, Buchfink u. a. ins Futterhaus hineintrauen.
— Frei in Gärten aufgestellte Futterhäuser bringt man am besten ca. 1,5 m über dem Boden an, sodass Katzen nicht hinaufspringen und sich im Haus auf Lauer legen können. Dabei sollte das Haus auf einem glatten Kunststoff- oder Metallrohr stehen, damit Mäuse nicht hinaufklettern können.

DAS IDEALE FUTTERHAUS

Von allen Futterspendern ist das „gute alte" Futterhaus bei Vögeln wie Fütterern sehr beliebt und – wenn richtig gebaut – auch nach wie vor am besten geeignet. Futtersilos (siehe unten) haben zwar Vor-, aber durchaus auch Nachteile, wie wir sehen werden. Leider gibt es in der Fülle von angebotenen und zum Eigenbau vorgeschlagenen Futterhäusern und oft viel zu kleinen Futterhäuschen viele, die lediglich mehr oder weniger hübsch aussehen und für Vögel ungeeignet sind. Deshalb hier unser Tipp für ein ideales Futterhaus, das wir vor 20 Jahren entwickelt und weiter verbessert haben. Es ist für von vielen Vögeln (bis zu Tausenden pro Tag) besuchte Futterstellen gedacht, also Fütterungen im Hausgarten, Wald, Schrebergarten, in Parks, auch auf Terrassen, weniger jedoch auf kleinen Balkonen an hohen Häusern. Es ist aus preiswertem Material leicht selbst zu bauen, lange haltbar, pflegeleicht, bei fast allen infrage kommenden Vogelarten vom Goldhähnchen bis zu Tannenhäher, Schwarzspecht oder Turteltaube sehr beliebt, kann im Bedarfsfall über 25 kg Streufutter bereithalten und von vielen Vögeln gleichzeitig besucht werden, ohne dass sie sich sonderlich stören. Die genaue Bauanleitung finden Sie auf der vorderen Umschlagklappe.

WEITERE FUTTERSPENDER

Da manche Arten nur schwerlich bis gar nicht Futterhäuser besuchen und die Häuser öfter gesäubert werden sollten, versucht man schon seit Langem, Vögeln Futter auch anders anzubieten. Dafür verwendete man früher Futterglocken, -tröge, -eier, -flaschen, -pilze, -dosen, -galgen, -hölzer, -steine oder Futterbäume[105, 15] – ausgediente mit Fettfutter bestrichene Weihnachtsbäume. Aus derartigen Futterspendern und einer gigantischen Futtersäule „Antispatz", die 2,8 m hoch war und ca. 500 kg wog (!)[105], entwickelten sich moderne Futtersilos in Kasten-, Haus- oder überwiegend Säulenform. Diese Futterautomaten mit nachrutschendem Futter reduzieren die Vergeudung von Futter, sind weitgehend sicher vor Eichhörnchen und Großvögeln wie Krähen und Elstern und halten das Futter frei von Verkotung. Futtersäulen (Abb. Seite 74) sollten unbedingt seitlich herausstehende, geeignete Sitzgelegenheiten (-stangen, besser: -ringe) haben, damit sie auch von

Eine ideale Futterstelle: großes Doppel-Futterhaus mit Zwischenboden – von vielen Arten genutzt – und überdachter Bodenfutterstelle

weniger klettergewandten Arten wie Stieglitz, Kernbeißer usw. gut genutzt werden können. Futtersilos haben wegen ihrer hygienischen Eigenschaften Vorteile, aber auch in sie kann bei Wind Regenwasser seitlich durch die Öffnungen ins Futter gelangen, das dort kaum abtrocknet und u. U. zu Schimmelbildung führt. Und viele Vögel tun sich mit Silos schwer, während sie am Futterhaus mühelos an Nahrung gelangen. Sehr gut eignen sich Silos zur Vorratsfütterung (siehe unten).
Die dritte Möglichkeit, Futter anzubieten, ist geformtes Fett, das meist Sämereien, auch getrocknete Insekten, Beeren usw. einschließt. Von früher hat sich der Meisenring gehalten, heute sind Meisenknödel populär, auch Nuss-

Stieglitze lassen sich nicht nur in England, sondern auch bei uns in großer Zahl an Futtersilos gewöhnen, wenn sie das richtige Futter enthalten.

Kohl- und Blaumeise an einem Riesenknödel (im Angebot einiger Hersteller). Sie erfordern jedoch spezielle Gittersilos, um sie vor Räubern zu sichern.

Stangen oder Futterblöcke, die in Behälter gelegt werden. Für das Anbieten von Meisenknödeln sind Federspiralen aus Metall sehr zu empfehlen. In ihnen kann man mehrere Knödel aufhängen, ohne dass sie von Krähen, Eichhörnchen u. a. zerstört oder weggetragen werden (Abb. Seite 80). Ähnlich geeignet sind Gittersilos (Futtersäulen) mit beweglichem Deckel für einige oder Spiralringe für viele Knödel (Abb. Seite 66), ebenso spezielle Draht-, Futterkörbe usw. Meisenknödel sollten unbedingt in solchen Behältern angeboten werden und nicht in Plastiksäckchen, in denen man sie erhält. Damit wird verhindert, dass sie von Rabenvögeln, Eichhörnchen u. a. samt Säckchen verschleppt werden und Singvögeln verloren gehen, was auch ins Geld geht, außerdem, dass die Säckchen später in der Landschaft herumliegen und dass sich eventuell Kleinvögel durch Hängenbleiben mit der Zunge oder den Zehenballen an Säckchen verletzen. Die Naturfreunde Scheidegg vertreiben inzwischen Fettfutter in biologisch abbaubaren Netzen.

Die vierte Form von Spendern sind Gitter-, Gitterwand- oder Drahtgittersilos, in denen vor allem Erdnüsse angeboten werden (Abb. Seite 79), die sich aber auch für Haselnüsse, Walnussbruch usw. eignen.

Sehr zweckdienlich ist ein Futterspender-Gestell ähnlich einer Kleiderstange – 5 m lang, 2 m hoch, mit einem 50 cm breiten durchsichtigen Kunststoffstreifen überdacht (Abb.

Seite 99). Die daran aufgehängten verschiedenen Spender werden von Kleinvögeln und Spechten besucht, halten jedoch Krähen ab, hängen im Trockenen, und darunter lässt sich noch eine Bodenfütterung einrichten. Sollten sich Krähen an das Gestell gewöhnen, können sie mit Drähten abgehalten werden, die sich von nach unten abgewinkelten Rohren seitlich vor den Spendern spannen lassen. Auch gut zu wissen: Grüne und silberne Feeder werden bevorzugt, rote und gelbe eher gemieden.

Ein seltener Anblick am Futterplatz – ein Grauspechtpaar am Fettfutter, links das Männchen mit Rot am Vorderkopf

OPTIMALE FUTTERSTELLE

Die optimale Fütterung umfasst eine *Kombination von Futterhaus*, säulenförmigen *Futtersilos* einschließlich *Erdnuss-Spender* mit Außengitter sowie *Fettknödeln in Spiralen* oder anderweitig geformtem Fettfutter wie Energiekuchen, Fettglocken usw.
Bei ausreichend Platz sollten die Futterspender über einen größeren Bereich auf mehrere Futterstellen verteilt werden. Das erleichtert Vögeln die Nahrungsaufnahme und uns das Sauberhalten kleinerer Plätze.

DIE BODENFÜTTERUNG

Im Außenbereich wie Garten oder Park gehört zur Versorgung unserer Vögel unbedingt auch eine *Bodenfütterung* (z. B. „Schütte" mit schrägem Dach). Eine Reihe von Arten, wie v. a. Goldammer, Lerchen, Buchfink, Reb-, Teichhuhn nehmen Futter meist nur vom Boden auf. Kommen viele Vögel zur Futterstelle, kann die Bodenfütterung durchaus auch auf dem offenen Boden ohne Überdachung erfolgen (Abb. Seite 102). Wenn Futter dabei gelegentlich feucht wird, macht das nichts, solange es nicht schimmelt – viele Arten bevorzugen aufgeweichte oder ankeimende Sämereien. Ideal für die Bodenfütterung ist auch ein Zwischenboden unter

Eine bestens bewährte Fettglocke: ein Blumentopf, gefüllt mit Fettfutter und einem Ast zum Anflug für Spechte u. a.

01

02

dem Futterhaus, den viele Vögel gern benutzen, die sich nicht leicht ins Futterhaus trauen, und unter dem Zwischenboden ist auch das Futter für Bodenbesucher gut geschützt (Abb. Seite 73).

Zum Schluss noch ein wichtiger Hinweis: Manche Vögel brauchen Zeit, sich an die verschiedenen Futterspender zu gewöhnen, aber im Laufe der Zeit lernen es die meisten. Auf den Geschmack gekommen, können sich auch Sperlinge, Krähen u. a. mit dem Rücken nach unten an Meisenknödel hängen, Rotkehlchen vor dem Erdnussfeeder rütteln wie ein Kolibri usw.

TRÄNKE UND SANDBAD

Oft liest man, Vögel dürften im Winter weder Trink- noch Badewasser erhalten, da sonst ihr Gefieder vereise. *Das ist absolut falsch.* Fast alle bei uns überwinternden Arten müssen täglich trinken und häufig baden, und steht bei Kahlfrost kein Schnee zur Verfügung, müssen sie oft weit zu offenem Wasser fliegen. Dort baden sie auch bei Frost, *ohne* dass ihr Gefieder vereist – es ist nämlich in hohem Maße Wasser abweisend. Um unseren Futtergästen das Leben zu erleichtern, gehört in die Nähe *jeder* Fütterung auch eine Tränke und Badeeinrichtung – winters wie sommers. Im Winter kann man sie sogar mit einem Tränkenwärmer offen halten[135]. Damit wird auch verhindert, dass Vögel an Straßenrändern lebensgefährliches salzhaltiges Schmelzwasser aufnehmen, das dort nach Ausbringen von Streusalz entsteht. Ideale Tränken und Vogelbäder sind flache muldenförmige Schalen mit maximal 5 cm Wassertiefe und rauer Oberfläche, eventuell mit flachen Steinen als

03

Inseln, in die sich Vögel auch zum Baden hineintrauen (Abb. Seite 77)[138]. Dass Vögel Wasserstellen zum Trinken und zum Baden benutzen ist normal – das geschieht in der Natur ständig in Pfützen usw. Das meiste Wasser nehmen Vögel jedoch über Regen-, Tautropfen und wasserhaltige Nahrung auf, manche Wüstenvögel ausschließlich.

Nicht alle Vögel baden in Wasser – manche wie Hühnervögel nur in Sand, Staub usw., andere wie Sperlinge in beidem. Sandbäder lassen sich an ständig trockenen Stellen mit Sand oder Feinerde einrichten, z. B. an überdachten Plätzen vor Hauswänden, unter Balkonen usw. Sie nutzen Vögeln bei der Gefiederpflege.

01 *Feldsperlinge beim Bad: Ein guter, vor Katzen sicherer Badeplatz sollte an keiner Futterstelle fehlen.*

02 *Buntes Stelldichein am Bodenfutterplatz: ein Stieglitz – und vier Erlenzeisig-Männchen*

03 *Eine ideale Tränke und Badestelle: flache Schüssel mit Trittsteinen, katzensicher durch Anbringung auf Pfahl mit nach unten offenem Schutzkorb*

FUTTERMITTEL

DAS BESTE IST GERADE GUT GENUG

Wer Futterstellen anlegen will, sollte immer davon ausgehen, dass Kleinvögel keine Abfallverwerter sind, sondern hochwertiges Futter benötigen.

Manche Vögel könnten zwar auch mit den Essensresten von uns durchkommen, so wie die Fütterung vor Jahrhunderten einmal begonnen haben mag – aber für viele bleibt selbst gutes dargereichtes Qualitätsfutter noch relativ einfache Grundnahrung im Vergleich zu dem, was ihnen die Natur in ihrer Reichhaltigkeit zumindest früher geboten hat. Wenn wir Vögeln mit Zufütterung wirklich helfen wollen, dann sollten wir im Hinblick auf die Futtermittel nach dem Grundsatz verfahren: *„Das Beste ist gerade gut genug". Das müssen keine „Bio"-Produkte sein, aber ordentlich angebaute, gelagerte und verarbeitete Lebensmittel – weitgehend unbelastet von Schadstoffen, Schimmel usw., also von einer Qualität, die dem Standard unserer Nahrungsmittel entspricht.* Um das zu erreichen, muss man zweierlei beachten: die Bedürfnisse der Vögel und die unterschiedlichen Angebote der Futtermittelhersteller. Was Letztere anbelangt, helfen für den „richtigen Griff" immer mehr Testergebnisse weiter[69], zu denen auch wir viel beitragen.

Rotkehlchen am Futterbrett: Diese vielseitigen Allesfresser finden fast an jeder Futterstelle Nahrung.

GRUNDFUTTER

Auch wenn an einer Futterstelle nur fünf Vogelarten auftauchen, nämlich z. B. Grünling, Kohlmeise, Amsel, Blaumeise und Rotkehlchen, dann stellen sie dennoch schon fast die gesamte Palette an *Ernährungsformen* dar, auf die wir uns einstellen müssen. Grünlinge sind bis auf die Brutzeit fast reine *Körnerfresser.* Sie bevorzugen neben Sonnenblumenkernen kleinere Sämereien wie Hanf, die man am besten in einem Futterhaus oder -silo bietet. Sie gehen zwar auch an Meisenknödel, die sie aber bei Mangel an losen Sämereien oft nur zerpflücken, um an Körner zu gelangen. Die anderen vier Vogelarten, im Sommer weitgehend *Weich(futter)fresser*, sind im Winter *Allesfresser* oder – freundlicher ausgedrückt - Gemischtköstler,

Eine quer geschnittene Kokosnuss ergibt eine ähnlich gute Fettglocke wie ein Blumentopf, die man für Meisen und andere überall aufhängen kann.

Ein Erdnuss-Spender (Gitterwand-Silo) sollte an keiner Futterstelle fehlen. Er bietet den meisten Arten – hier Zeisigen – ganzjährig Nahrung.

allerdings mit sehr unterschiedlichen Anteilen an pflanzlicher und tierischer Nahrung. Wir offerieren ihnen bei einfacher Zufütterung v. a. Erstere – Letztere müssen sie sich selbst suchen. Kohlmeisen leben im Winter zu einem hohen Anteil von Sämereien und holen sich daher gern Sonnenblumenkerne. Für den Erwerb tierischer Nahrung wie Insekten, Spinnen oder kleine Schnecken sind sie täglich meist stundenlang unterwegs. Blaumeisen verhalten sich ähnlich, bevorzugen aber in der Regel mehr tierische Nahrung. Ist ihnen Schilfröhricht zugänglich, suchen sie dort als regelrechte „Schilfmeisen" regelmäßig Halme ab, die sie meistens an den „richtigen" Stellen aufhacken, um darin überwinternder Insektenlarven habhaft zu werden[81].

Amseln zeigen sich bei schneefreiem und frostarmem Wetter wenig an Futterstellen, dafür sieht man sie etwa an Waldrändern im Laub wühlen, um Kleingetier zu fangen. Außerdem verzehren sie, wenn vorhanden, Beeren und restliches Obst. Versiegen diese Quellen, kommen sie in großer Zahl an Futterstellen. Obwohl Allesfresser, die Sonnenblumen- und Maiskörner ganz verschlucken und auch Meisenknödel bearbeiten, bevorzugen sie weicheres Futter: v. a. mit Fett angereicherte Haferflocken und – aber nur als *Zusatzfutter* – Apfelstücke. Rotkehlchen schließlich suchen noch mehr als Amseln tierische Nahrung selbst und sind an Futterstellen auf kleine Sämereien wie Hirse, Mohn usw., Getreideflocken und kleine Fettpartikel angewiesen, die sie v. a. vom Boden aufnehmen, wenn sie von anderen Arten losgehackt wurden. Ihnen kann man natürlich, wie vielen anderen Arten, durch gezielte Zufütterung, z. B. von „Mehlwürmern" (Mehlkäferlarven), Trockenfleischstückchen usw. sehr viel weiterhelfen (siehe unten).

Noch einmal kurz zusammengefasst die vier Hauptkomponenten für ein Grundfutterangebot:

1. ein Streufutter mit hohem Anteil an Sonnenblumenkernen, Hanf und wenig Getreide (das nur einige Arten bevorzugen), dafür mit mehr Erdnüssen als besonders hochwertigem Futtermittel,
2. ein Fettfutter mit Hafer- und Weizenflocken und auf der Grundlage von geeignetem Fett, das höchsten Nährwert gewährleistet,
3. Meisenknödel oder entsprechend geformtes Fett, auch leicht selbst herstellbar aus Rindertalg (siehe Seite 89) sowie
4. bei Bedarf Apfelstücke für Amseln, Grünspecht, Wacholderdrossel, Teichhuhn u. a.

Zum Schluss noch eine Warnung: Meisen und Kleiber – die Hauptverzehrer von Sonnenblumenkernen – haben in der hektischen Brutperiode meist keine Zeit, diese Kerne zu öffnen, die dann oft in größeren Mengen liegen bleiben. Da hilft: Im Sommer den Anteil zugunsten von Fett reduzieren oder geschälte Kerne anbieten.

Meisenknödel bietet man am besten in Stahlspiralen oder auch Gittersilos an – dort sind sie vor „Räubern" sicher. Ihre Plastik-Schutzsäckchen werden zuvor entfernt.

OPTIMALES ZUSATZFUTTER

Das oben beschriebene Angebot an Futtermitteln für eine solide ausgestattete Futterstelle lässt sich vergleichen mit unserer „gutbürgerlichen Küche", die Gästen ohne ausgefallene Vorlieben gerecht wird. Im Folgenden wird, um beim Vergleich zu bleiben, ein Angebot wie in einem Spezialitäten-Restaurant beschrieben, das weitere Interessenten ansprechen kann. Da man über diesen Bereich der Vogelfütterung ein eigenes Buch verfassen könnte, folgt hier nur eine grobe Skizzierung.

Wer viele Vogelarten gezielt und optimal füttern möchte, sollte sich Zeit für Beobachtungen nehmen und für eine Reihe von Futtermitteln nicht unerhebliche Ausgaben einkalkulieren. Zufütterung lässt sich in zweierlei Hinsicht optimieren: In Bezug auf höchste Qualität der Futtermittel, die etwa auf Produkten aus ökologisch-umweltverträglichem Anbau aufbaut, und im Hinblick auf größtmögliche Vielfalt an attraktiven Futtermitteln. Wer beste Qualität anstrebt, muss sich über Kataloge einschlägiger Futtermittelhersteller (Seite 173) und deren Angebot, z. B. an „Premium"- oder „Vollwert"-Futter (etwa „Bio-Eintopf" der Firma Donath) kundig machen oder Futtermittel über Reformhäuser usw. beziehen oder eventuell selbst anbauen. Von der Firma Donath und über den „Lebe Gesund Versand" sind inzwischen sogar vegane Meisenkuchen erhältlich.

Optimale Vielfalt an Futtermitteln, die möglichst allen infrage kommenden Arten gerecht wird, erreicht man am besten so: Man erweitert zunächst das Standardfutter durch Beigabe einzelner Komponenten oder spezieller Futtermischungen, die sich an größere Vogelgruppen richten. Da Erdnüsse, und zwar solche in ausgezeichneter Qualität und aus zweifelsfreier Herkunft, ein für viele Arten ganzjährig höchst attraktives Futter darstellen, kann man mit Erdnussspendern viele Arten dauerhaft anlocken und versorgen. Erdnüsse spielen deshalb bei der Zufütterung in Großbritannien und den USA eine große Rolle. Man bietet Nüsse oder auch Erdnussbruch besser im Spender an als in Futterhäusern, da sie aus offenen Futterstellen leicht von Krähenvögeln oder Eichhörnchen

Seltener Gast: eine Weidenmeise! Meisenknödel besser in Spiralen ohne Säckchen anbieten!

in großen Mengen entnommen werden, ohne dass kleinere Arten davon profitieren können. Eine besonders attraktive, wenn auch kostspielige Darreichungsform sind sogenannte Erdnusskuchen (Energiekuchen auf der Basis von Erdnussmehl und -Fetten oder Erdnussbutter für Gartenvögel, wie sie Humanitas anbietet), die wir in der Vogelwarte Radolfzell in der Entwicklungsphase u. a. an Grasmücken getestet haben. Sie ziehen viele Arten geradezu magisch an (auch uns – durch den herrlichen Geruch!). Ähnlich günstig wie Erdnüsse sind auch Hasel- oder Walnüsse, die jedoch meist im Hinblick auf Kosten und verfügbare Menge ausscheiden – aber sie eignen sich sehr gut für den Eigenanbau.

Das wichtigste Futtermittel neben Fett und eventuell Erdnüssen sind Sonnenblumenkerne. Viele Arten bevorzugen die schwarzen vor den üblichen gestreiften wegen ihrer weniger harten Schalen und höheren Ölgehalts. Kerne ohne Schalen („Herzen“) liefern eine besonders energiereiche, leicht zugängliche Nahrung, auch geschrotet, und verhindern die Verunreinigung des Futterstellenbereichs mit Schalenabfällen. Sie sind jedoch teuer, und ihre Inhaltsstoffe denaturieren schneller ohne den Schutz der Schale. Viele Arten wie Stieglitz, Hänfling, Lerchen bevorzugen *kleine* Sämereien, wie z. B. Distel- oder Salatsamen, Mohn u. v. a. Um für sie ein attraktives Angebot parat zu haben, kann man dem oben beschriebenen Streufutter Anteile von Kanarien-, Waldvogel- oder Sittich-Futtermischungen beigeben, die auch von anderen Arten gern verzehrt werden und zudem auch wertvoll für die Jungvogelaufzucht sind. Wenn unbehandelt, eignen sich auch Reste von Gartensaatgut.

Für Vogelfütterer ist es natürlich immer erfreulich, wenn neben Rotkehlchen und Hecken-

Kleiber an speziellem Mehlwurmspender: Lebendfutter wird zum Erhalt unserer Singvögel immer wichtiger.

Heckenbraunelle an Meisenknödel – für diese Art ist das leicht zugängliche Fett am Futterbrett ideal.

braunelle auch andere Weichfresser an die Futterstelle kommen, wie z. B. Zaunkönig, Schwanzmeise, Baumläufer oder sogar Goldhähnchen und zum Frühjahr hin Mönchsgrasmücke, Zilpzalp, Hausrotschwanz u. a. Da in strengen Wintern kleine Arten wie Zaunkönig und Wintergoldhähnchen auch großräumig nahezu vollständig wegsterben können, sind für sie Futterstellen mit speziellem Futter oft eine große Hilfe. Dafür gibt es attraktive Futtermittel, v. a. spezielles Weichfutter mit getrockneten Insekten, Kleinkrebsen, Sojaflocken usw., von einzelnen Firmen auch Drossel-, Zaunkönig- und anderes Spezialfutter oder Vollwert-Energiekuchen, die in einer Mischung aus tierischen und pflanzlichen Fetten Erdnussmehl, getrocknete Insekten und Früchte einschließen. Da derartige Spezial-Futtermittel kostspielig sind und auch von „gewöhnlichen" Arten wie etwa Amseln oder Meisen gern gefressen werden, lohnt es sich, zunächst zu beobachten, welche Nahrungsspezialisten an Futterstellen kommen, um sie dann gezielt an speziellen Plätzen zu füttern. Tauchen Goldammern auf, kann man durch Ausbringen von Futterhafer (ganz oder gequetscht) am Erdboden im Laufe der Zeit u. U. Hunderte an einer einzigen Futterstelle versorgen. Stieglitze sind nach Erfahrungen in Großbritannien ganz erpicht auf Ramtil(l)-Samen (Nigersaat, Gingellikraut, *Guizotia abyssinica*, ein Korbblütler mit hohem Ölgehalt – nicht zu verwechseln mit Negersaat, einer Hirse). Wichtig könnte künftig auch der nährstoffreiche Chia-Samen werden (eine in Südamerika häufig angebaute Salbeiart). Erscheinen Zaunkönige, lassen sie sich leicht an einem versteckten, aber von ihnen beim Anrücken regelmäßig besuchten Platz an einem Reisighaufen oder dergleichen etwa mit Mehlwürmern, anderen Insekten oder auch mit kleinen Fleischstückchen gezielt füttern, ohne dass das ihnen zugedachte Futter ständig von anderen Arten weggefressen wird. Ähnlich kann man Rotkehlchen versorgen. Schwanz- und Haubenmeisen, Goldhähnchen, Grasmücken u. a. hingegen fliegen regelmäßig etwas versteckt in Zweige gehängte Energiekuchen, Fettglocken usw. an.

Viele Arten wie Drosseln, aber auch Häher, Rallen u. a. verzehren gern auch Obst. Für sie eignen sich ausgelegte Apfelstücke, häufig auch Rosinen, kaum hingegen getrocknete Ebereschen und andere Wildbeeren, die man unbedingt am Wuchsort hängen lassen sollte. Weitere Angaben über gezielte Fütterung finden sich hinten in den Beschreibungen der Vogelarten; hier noch ein paar abschließende allgemeine Anmerkungen. Unter der Internetadresse www.versele-laga.com gibt es eine ausgezeichnete Übersicht über verschiedene, als Vogelfutter geeignete Samen von Prestige (2007). Hohla[111] beschreibt die Eignung verschiedener Hirsen, und welche Vogelarten welches Getreide (Weizen, Hafer usw.) bevorzugt fressen, wurde von Perkins[174] untersucht. Gelegentlich taucht die Frage auf, ob Futtermittel aus biologisch-dynamischem Anbau für Vögel vorteilhaft seien, wenn auch teuer. Und dann ist man u. U. überrascht zu erfahren, dass Bio-Vogelfutter z. T. weniger Proteine enthält (z. B. www.kleinezeitung.at). Das ist jedoch weder überraschend noch von Nachteil, sondern hängt damit zusammen, dass Pflanzen für Bio-Produkte nicht im Übermaß mit Stickstoff gedüngt werden.

SAISONSPEZIFISCHE FUTTERMITTEL

Die Ganzjahresfütterung unterscheidet sich im Hinblick auf die anzubietenden Futtermittel für das Sommerhalbjahr *nicht grundsätzlich* von der Winterfütterung, aber *graduell*. Dafür muss man sich noch einmal klarmachen: Ganzjährige Zufütterung bietet vor allem Altvögeln und flüggen Jungvögeln Futter und nur in sehr beschränktem Umfang Nahrung für die Aufzuchten. Dann ist wichtig zu wissen: Das Sommerhalbjahr ist für Alles- wie für Körnerfresser die Jahreszeit des Weichfutters oder zumindest „weicherer" Futteranteile. Das ist bei der Planung, Vorratshaltung und Bereitstellung von Futtermitteln unbedingt im Auge zu behalten. Das ganze Sommerhalbjahr über beliebt als günstige Energielieferanten für die mit der Brut stark in Anspruch genommenen Elternvögel bleiben Meisenknödel sowie Erdnüsse (in Erdnussspendern). Beide sollte man in ausreichender Menge vorrätig halten, Knödel kann man auch leicht durch selbst hergestellte Fettfuttermischungen (siehe Seite 89) ersetzen. Häufig sind Fettfuttermischungen auch im Sommerhalbjahr die bevorzugte Lieblingsspeise[124]. Hauptgrund dafür ist, dass Vögel beim Fliegen Fett direkt im Brustmuskel „verbrennen" und ihnen Fett den idealen „Treibstoff" bietet[30]. Von den gängigen Winter-Streufutter- und Fettfuttermischungen werden im Sommerhalbjahr größere Bestandteile wie Sonnenblumenkerne und Getreidekörner oft verschmäht, kleinere Sämereien hingegen bevorzugt. Unsere Körnerfresser füttern ihre Jungen nicht nur mit Insekten, sondern mit steigendem Alter zunehmend mit breiigem Futter aus Sämereien, das im Kropf vorverdaut wird. Dafür werden, wenn erreichbar, in der Natur milchreife Samen vom Löwenzahn, kleinste Samen von Orant, Ehrenpreisarten usw. verwendet. Kleine Sämereien werden aber auch an Sommerfutterstellen aufgenommen, ebenso natürlich auch von ausgeflogenen Jungvögeln. Deshalb ist die Bereitstellung von speziellen Futtermischungen, auch Aufzuchtfutter für Wald- und Kanarienvögel sowie Sittiche, hilfreich, die Zoofachgeschäfte anbieten.

Ganz ideale Futtermittel für das Sommerhalbjahr sind natürlich Weichfuttermischungen (Seite 84), Energiekuchen (Seite 81), Bienenlarven (Seite 90) oder verschiedenartiges Lebendfutter wie Mehl- und Regenwürmer, Wachsmottenlarven, Heimchen (Hausgrillen) u. a. (siehe Seite unten).

Als Leitsatz gilt: Sommer- und Winterfutter sind weitgehend identisch, auch im Sommer sollte viel Fett angeboten werden, im Streufutter mehr feinere Sämereien, was von einer Reihe von Futtermittelanbietern bereits praktiziert wird. Weit mehr als für die bestens eingeführte Winterfütterung gilt für die Zufütterung im Sommerhalbjahr: Vielerlei ausprobieren und sorgfältig beobachten, sich in die Ansprüche der Vögel hineindenken – dann wird die Fütterung optimal.

LEBEND- UND WEICHFUTTER, FLEISCH

Infolge des dramatischen Rückgangs unserer Insekten und dem dadurch bedingten Verlust von Aufzuchtfutter für die meisten unserer Vogelarten gewinnt das Zufüttern von Lebend- und Weichfutter rasch an Bedeutung. Untersuchungen liefern ermutigende Ergebnisse:

Mehlwürmer verabreichen wir zwei- bis dreimal täglich in einem kleinen Futterhäuschen für „bedürftige" Elternvögel.

Umfangreiche Studien an Haussperlingspopulationen in London ergaben bei Zufütterung von Mehlwürmern deutlich erhöhten Ausfliegeerfolg (von reichlich 60 Prozent), und bei Kohlmeisen bewirkten Mehlwurmgaben höhere Nestlingsgewichte und reduzierten physiologischen Stress[12].

Mehlwürmer sind für viele Arten ideales Zusatz-Lebendfutter, das fütternde Elternvögel Engpässe in der Insektenbeschaffung in Schlechtwetterperioden usw. überbrücken lässt. Wir füttern Mehlwürmer meist zweimal täglich – morgens und abends – in einem kleinen Futterhäuschen (Abb. Seite 84), an dem sie rund ums Jahr begierig erwartet werden von Sperlingen, Meisen, Rotkehlchen, Zaunkönigen, zur Brutzeit auch von Staren, gelegentlich einer Amsel, Bachstelze, Mönchsgrasmücke oder einem Hausrotschwanz. Diese Zufütterung verhindert praktisch alle nahrungsbedingten Brutverluste in der näheren Umgebung.

Teichrohrsänger, denen Mehlwürmer zugefüttert wurden, legten fast eine Woche früher Eier, hatten eine verkürzte Bebrütungszeit, schnelleres Jungenwachstum und insgesamt erhöhten Bruterfolg gegenüber Kontrollvögeln[220].

Leider sind Mehlwürmer teuer und im Privathaushalt auch nicht leicht in größeren Mengen nachzuzüchten. Das gilt auch für anderes für unsere Kleinvögel geeignete Lebendfutter wie Heimchen, Wachsmotten, Wanderheuschrecken, Fruchtfliegen usw. Wer sich dennoch mit dieser sicher hilfreichen Art von Zufütterung vertraut machen möchte, sollte sich mit speziellen Übersichtsarbeiten über die Lebendfütterung mit Insekten beschäftigen wie von Kühn[128] oder mit Arbeiten über einzelne Arten wie die Fruchtfliege von Kämpf[123] oder sich Informationen von einschlägigen Firmen einholen wie der „Futterinsektenfarm Schulz" (in

Eschach-Holzhausen). Über die Beschaffung von wertvollen Bienenlarven siehe Seite 90. Für Legehennen wurde gezeigt, dass Soldatenfliegenlarven-Mehl eine vollwertige Proteinquelle darstellt[6].

Weitgehend abzuraten ist von der Zufütterung wildlebender Vögel mit getrockneten Insekten. Sie sind zwar gut geeignet zumindest als Zusatzfutter für „Weichfresser" in Käfig und Voliere, die daran gewöhnt sind und sogar ausschließlich davon leben können. Wildvögel verschmähen hingegen meistens nicht gerade einladend riechende getrocknete Mehlwürmer u. a. und gehen dafür lieber auf die, wenn auch aufwändige, Suche nach lebenden Kleintieren.

Heerscharen von Vogelliebhabern versorgen ihre Schützlinge – Insekten-, Körnerfresser und Gemischtköstler – vor allem in der Brutzeit neben Lebendfutter regelmäßig mit sogenanntem Weichfutter, das sich auch für wildlebende Vögel an Futterstellen eignet, besonders als Beifutter zur Jungenaufzucht. Rezepte dafür gibt es Tausende, die man in der Fachliteratur findet[222]. Grundbestandteile sind gekochte Eier – gehackt oder gemahlen, Quark – am besten zur Vorbeugung gegen Übersäuerung gebrüht, Zwiebackmehl als Trägerstoff zum Lockerhalten sowie diverse Zusatzstoffe. Wir haben über Jahrzehnte ein derartiges Weichfutter entwickelt, mit dem wir Tausende von Mönchsgrasmücken und viele andere Vögel zu erfolgreichem Brüten gebracht haben (Berthold u. a.[23]).

Viel zu wenig bekannt ist Fleisch als ausgezeichnetes Zusatzfutter. Es ist nicht nur wichtige Nahrungsgrundlage für Greifvögel und Aasfresser wie Geier, sondern auch für Singvögel – vom Kolkraben bis zum Goldhähnchen. Viele Jäger wissen, dass nicht nur Kolkraben Wolfsrudel begleiten, um an Risse zu gelangen, oder auf Schüsse von Jägern achten, um Aufbrüche zu ergattern, auch Singvögel holen sich Fleisch und Fett an ausgelegten Kernen erbeuteter Tiere, von aufgehängten Felldecken (Zahner 2013[233], Abb. Seite 25) oder von Fallwild und selbst von menschlichen Leichen in Kriegsgebieten, wie Berichte zeigen. Amseln und Buntspechte erbeuten sogar Jungvögel aus fremden Nestern, und Rotkehlchen z. B. können im Flachwasser kleine Fische fangen. Diesen Vorlieben zufolge kann man an Futterstellen Frischfleisch anbieten - am besten „Hackfleisch" (feingeschnitten, gemahlen, geschabt), in kleinen Portionen auf Tellerchen usw. Über sehr gut geeignete Rinderherzen siehe unten. Kommen an das ausgelegte Fleisch Fliegen und legen dort Eier ab, schadet das nicht – sie werden von vielen Vögeln verzehrt.

GRIT

In Gebieten, in denen inzwischen der saure Regen zu Kalkarmut geführt hat und die Eischalenbildung unserer Vögel beeinträchtigt sein kann, empfiehlt es sich, im Bereich von Futterstellen auch Grit (Naturkalkstoffe, z. B. aus Muschelkalk, Austernschalen usw.) anzubieten, den man in Zoofachgeschäften oder bei Futtermittelherstellern erhält. Dadurch kann die Bildung von dünnschaligen oder Fließeiern (ohne Kalkschale) verhindert werden, die nicht erfolgreich bebrütet werden können.

FÜTTERUNG VON GREIFVÖGELN

In vielen Ländern werden zunehmend Greifvögel zugefüttert: Riesen- und europäische Seeadler in Japan, die wegen Überfischung sonst nicht mehr erfolgreich überwintern könnten, ebenfalls im Winter die in England wieder eingebürgerten Rotmilane, Bart-, Gänse- und andere Geier in zahlreichen Wiederansiedlungsprojekten rund ums Jahr (ohne das Nah-

In strengen Wintern verhungern viele Greifvögel. Ihnen kann man an speziellen Futterplätzen mit Rinderherz u. a. in Notlagen gut helfen.

rungssuchverhalten signifikant zu verändern[120]) sowie Kaiseradler, Uhus u. a. zur Verbesserung des Bruterfolges[76, 144]. Für Aasfresser gewinnen wegen verschärfter EU-Vorschriften in Bezug auf Tierkadaver „Geier-Restaurants" stark an Bedeutung[9, 59, 84] und könnten in Anbetracht der starken Geiereinflüge in Deutschland in den letzten Jahren zur Wiederansiedlung von Gänsegeiern im Donautal führen, wo sie früher gebrütet haben.

In Mitteleuropa ist das Zufüttern von Greifvögeln und Eulen (auch Kolkraben) derzeit nur in härteren Winterperioden sinnvoll, dann aber hilfreich. Dabei ist zu beachten, dass bei uns das Auslegen der meisten Fleischsorten verboten ist. Erlaubt sind (nach Art. 23 der Verordnung EG 1774/2002 als Ausnahme gemäß Abs. 2, unter behördlicher Aufsicht) Rinderherzen, Schalenwildkadaver (außer Schwarzwild, „Wild und Hund", 2010, 6: 8), abgetötete Eintagsküken und Fische. Rinderherzen erhält man preiswert in Schlachthöfen, als Verkehrsopfer anfallende Rehe über Jägervereinigungen, Küken und Fische von Futterlieferanten für Zoos. Für jede Anlage eines „Luderplatzes" ist vorab die Veterinärbehörde beim Landratsamt um Zustimmung zu ersuchen, und Fleisch muss sicher vor Hunden, Füchsen usw. etwa in Körben auf Pfählen angeboten werden. An unserem „Greifvogel-Hotel" in Billafingen tummeln sich an schneereichen Wintertagen bis zu 20 Greifvögel (Mäusebussard, Rotmilan) sowie Kolkraben, Eichelhäher und zahlreiche Kleinvögel. Für die Unterstützung von Eulen wird u. a. empfohlen, lebende Mäuse in Wannen anzubieten[79], wobei Tierschutzbestimmungen zu beachten sind. Bei Schleiereulen hat sich für den Winter wie für die Unterstützung der Aufzucht das Einlegen von Eintagsküken in Kästen bewährt, in denen die Vögel brüten und ruhen[93].

UNGEEIGNETE FUTTERMITTEL

Vieles, was wir essen, ist für Vögel wegen Nährstoffmangel und vieler Zusatzstoffe wie Salz, Gewürzen, künstlichen Aroma- und Farbstoffen, Stabilisatoren, Konservierungsstoffen, Vitaminen u. a. bedenklich oder gefährlich. Dabei ist zu bedenken, dass derartige Stoffe Vögel bei ihrem geringen Körpergewicht von oft nur 10–20 g und der hohen Nahrungsaufnahmerate weit stärker belasten können als uns. Auch wenn Zusatzstoffe unserer Nahrung Vögel nur selten umbringen werden, sind doch zeitweilige Stoffwechselstörungen möglich, die unter allen Umständen vermieden werden müssen.

Wenn man gelegentlich liest, gefrorenes Futter, wie z. B. vereiste Apfelstücke, schade Vögeln, weil es „Entzündungen des Verdauungstrakts" hervorrufe, ist das Unsinn. Gänse z. B. weiden regelmäßig gefrorenes Gras, und viele Drosseln, Rotkehlchen u. a. verzehren bei strengem Frost so hart gefrorene Beeren, so dass man ihnen selbst tiefgefrorene Heidelbeeren usw. gefahrlos anbieten kann.

TABU-LISTE VON UNGEEIGNETEN NAHRUNGSMITTELN UND -RESTEN

- allgemeine Tischabfälle und Speisereste
- Brot- und Kuchenstücke oder Krümel
- Braten-, Wurst- oder Käsereste
- mit Zusatzstoffen angereicherte Margarine, Back- und Bratenfette
- Pommes frites
- gekochte Kartoffeln, Quark, Nudeln, da sie leicht schimmeln oder säuern können
- Butter, da sie meist schnell zerläuft und Reste ranzig werden.

VORAUSPLANUNG UND VORRATSHALTUNG

Bis bei uns die Ganzjahresfütterung selbstverständlich ist wie in Großbritannien, den USA und anderen Ländern, dürfte noch einige Zeit verstreichen. So ist es manchmal schwierig, die nötigen Futtermittel zu erhalten. Um dennoch immer das nötige Futter bereitzuhaben, empfiehlt sich der Direktbezug von Futtermittelherstellern oder ausreichende Vorratshaltung. Dazu gilt als Richtwert, dass ein sperlingsgroßer Körnerfresser nach Untersuchungen in Großbritannien[56, 57] und an unseren Futterstellen pro Tag ca. 8 g Sämereien verbraucht. Besuchen täglich etwa 100 samenfressende Vögel eine Futterstelle, ist pro Tag also bis zu 1 kg Körnerfutter zu veranschlagen, für einen Monat 30 kg und für ein Vierteljahr bis zu 2 Zentnern. Futtermittellieferanten empfehlen zwar,

Kohlmeise und Grünfink an einem Silohäuschen mit nachrutschenden Sonnenblumenkernen

An einer ausgedienten Kaffeetasse – gefüllt mit Fettfutter – eine zierliche Tannenmeise

gekauftes Futter möglichst innerhalb von etwa drei Monaten zu verbrauchen, räumen aber bei sorgsamer Lagerung (trocken, kühl, gut verschlossen) längere Fristen ein[56].

Für eine optimale Fütterung ist unbedingt Fettfutter erforderlich. An einer Futterstelle in o. g. Größe ist mit einem Verbrauch von bis zu drei Meisenknödeln pro Tag zu rechnen, also mit rund 100 im Monat und an die 300 im Vierteljahr. Auch sie lassen sich gut lagern, u. U. tiefgekühlt, aber sie können bei Engpässen auch leicht durch selbst hergestelltes Fettfutter aus Rindertalg usw. ersetzt werden (siehe unten).

ERSATZFUTTER BEI LIEFERSCHWIERIGKEITEN

Immer mal wieder steht Vogelfutter in Einkaufszentren nicht früh oder lange genug oder auch zwischendurch nicht zur Verfügung . Gründe dafür liegen auf der Hand: Die EKZ wollen keinesfalls auf Bergen von Vogelfutter sitzen bleiben und kaufen deshalb zeitweilig nur zögerlich ein. So entstehen Engpässe, durch die Vögel in Not und Fütterer in helle Aufregung geraten – Letztere unnötigerweise.

Geht Vogelfutter tatsächlich aus, kann man sich leicht Ersatzfutter selbst zusammenstellen. Preiswerter Standardfutterersatz ist Mischfutter für Haustauben, das man bei landwirtschaftlichen Genossenschaften erhält. Man reichert es am besten mit Futterhaferflocken an, die man ebenfalls dort bekommt. Diese Mischung lässt sich weiter bereichern mit Waldvogel-, Kanarien- oder Sittichfutter oder Weichfutter für Insektenfresser aus dem Zoofachgeschäft. Hervorragendes Ersatzfutter ist auch für viele Arten die Erdnuss. Gehen die überaus beliebten Meisenknödel aus, kann man leicht selbst Ersatz herstellen mithilfe von Rindertalg (Seite 89).

Mit zunehmender Weltbevölkerung, Folgeschäden durch die Klimaerwärmung, steigendem Nutzpflanzenverbrauch für Bioenergiegewinnung u. a. wird sich die Lebensmittelsituation auf dem Weltmarkt in Zukunft erheblich verschärfen. Davon betroffen sein werden auch Sämereien, Rindertalg usw. für Wildvogelfutter. Einen Vorgeschmack davon gab es im Winter 2010/11, als durch Missernten Sonnenblumenkerne kaum zu beschaffen waren, infolge der Bioenergieproduktion Rindertalg sowie durch verstärkte Nachfrage Erdnüsse. Vogelfreunde sollten sich darauf einstellen: durch rechtzeitige Einkäufe und Vorratshaltung und durch die Beschaffung und Herstellung von Ersatzfutter. Wenn selbst Tauben-, Geflügel- oder Sittichfutter schwer zu haben sein sollten, kann man sich mit Getreideflocken oder auch gut gequetschtem Getreide behelfen und bei Mangel an Rindertalg mit Pflanzenölen, mit denen Getreideflocken oder -gequetschtes Getreide angereichert werden. Als Ersatzfett taugt auch

Margarine, die allerdings im Hinblick auf Sonneneinstrahlung, Wegschmelzen, Ranzigwerden usw. pfleglicher behandelt werden muss als Meisenknödel auf Rindertalgbasis.

WAS KANN MAN SELBST SAMMELN?

Früher wurde empfohlen, für die Fütterung selbst alle möglichen Sämereien, z. B. von Knöterich, Wegwarte, Hainbuche, Ahorn usw. zu sammeln, ebenso Wildbeeren und -früchte, etwa von Eberesche, Pfaffenhütchen, Schlehe usw. und zu trocknen. Das war früher sicher ratsam, als Samen und Früchte in der Natur in Hülle und Fülle vorkamen und andererseits käufliches Vogelfutter noch wenig gebräuchlich war. Heute sollten wir die wenigen, in unseren ausgeräumten Landschaften übrig gebliebenen natürlichen Nahrungsquellen für Vögel *keinesfalls plündern*, zumal getrocknete Ebereschen, Schlehen usw. von Vögeln gar nicht gern gefressen werden. Bedenkenlos sammeln kann man

Fürs Anlocken von Stieglitzen eignen sich getrocknete Fruchtstände von Kletten und Disteln, wodurch sie Silos kennenlernen.

z. B. Samen von Brennnesseln, Löwenzahn und Ackerdisteln, bevor sie mit ihren Flugapparaten verweht oder gemäht werden. Zu Sträußen gebundene Disteln mit reifen Samen in der Nähe von Futterstellen angebracht sind ein hervorragendes Anlockmittel für Stieglitze.
Früher war das Sammeln von Dreschabfällen und Heublumen hilfreich - das gilt heute nicht mehr. Beide enthalten kaum noch Sämereien, da im Getreide fast keine Wildkräuter mehr vorkommen und Heu gewonnen wird, bevor die Samen von Gräsern und Kräutern reifen. Wer einen Gemüsegarten bestellt, sollte übrigbleibende Samen von Radieschen, Möhren, Salat usw. für die Fütterung verwenden, soweit sie nicht mit Chemikalien behandelt oder im Erbgut verändert wurden.

FUTTER SELBST HERSTELLEN

Fettfutter Ein hervorragendes Futtermittel, das man leicht selbst herstellen kann, ist ein Fettfutter, das meistens auf der Basis von Rinderfett (Rindertalg) angefertigt wird, preiswert und für Vögel bestens geeignet ist. Neben Rindertalg ist auch Fett von Schaf und Wild verwendbar, weniger das vom Schwein, da es zu leicht weich und schnell ranzig wird. Bisweilen wird auch Kokosfett verwendet[96]. Rezepte dafür gibt es in mehr als zehn Variationen, mindestens seit 1899 vom Bund für Vogelschutz in Stuttgart[49] und bis in die jüngste Zeit[69, 71, 79]. Hier eine zusammenfassende Beschreibung. Rindertalg besorgt man sich beim Fleischer oder im Schlachthof, erhitzt es in einem Topf, bis es flüssig wird, aber nicht siedet. In das flüssige Fett rührt man im einfachsten Fall die gleiche Gewichtsmenge Weizenkleie[140, 178] („Ludwigsburger Fettfutter"[103]) oder gibt noch kleinere Mengen Sonnenblumenkerne und Hanf dazu[79]. Den Anteil an Sämereien kann man erhöhen durch reichhaltige Körnermischungen, Haferflocken, gehackte Nüsse usw. oder das Futter durch Beigabe von Beeren, Rosinen u. a. für Weichfresser ausrichten[69]. Die Zugabe von etwas Speiseöl verhindert, dass das Fettfutter bei Frost zu hart wird[208]. Das fertige Gemisch füllt man in Gefäße wie Dosen, Blumentöpfe usw., und ein mit eingesteckter Holzstab erleichtert Vögeln den Zugang zum Futter in allen möglichen „Fettglocken". Es lässt sich in trockene Fichten- oder Kiefernzapfen streichen, die man in Zweige hängt, oder auch in die Rinde von Bäumen, wodurch Spechte, Baumläufer, Schwanzmeisen u. a. leicht Zugang finden.

Fettflocken Ein weiteres Fettfutter entsteht, indem man Hafer- oder andere möglichst weiche Getreideflocken (ideal: Schmelzflocken) in hochwertigem Speiseöl (Raps-, Sonnenblumen-, Olivenöl) tränkt und so wertvolle Fettflocken bekommt.[138] Getreideflocken können auch mit Margarine eingefettet werden, aber nur, wenn sie keine Zusatzstoffe wie künstliche Vitamine usw. enthält.

Bienenlarven Dieses hochwertige Futtermittel ist leicht zu besorgen und aufzubereiten. Imker entfernen aus ihren Bienenvölkern regelmäßig Wabenteile mit überschüssiger Drohnen-(Männchen-)Brut, die man bei Bienenhaltern beziehen kann. Die in den Waben enthaltenen Drohnenlarven sind ein höchst bewährtes Mittel zur Handaufzucht von Vögeln[23] und werden auch an Futterstellen von vielen Arten begierig aufgenommen. Man friert am besten Wabenstücke ein und legt sie bei Bedarf an Futterstellen aus. Sind die Zellen bereits verdeckelt, müssen die Verdeckelungen zuvor mit einem Messer oder einer Entdeckelungsgabel entfernt werden. Die Vögel holen sich dann die Larven aus den Zellen. Man kann die tiefgefrorenen Waben aber auch zerbröseln und die Larven von Hand auslesen und direkt verfüttern. Mit Drohnenlarven kann man manchem Frühankömmling von Singdrossel, Star, Kiebitz, aber auch Rotschwänzen, Stelzen, Piepern u. a. bei Wintereinbrüchen das Leben retten. In der Brutzeit sind sie als hochwertiges Zusatzfutter für die Aufzucht von Jungvögeln begehrt.

DAS SCHAUERMÄRCHEN VOM „TOTFÜTTERN" VON JUNGVÖGELN

Alle Jahre wieder erreichen uns Anfragen oder Mitteilungen von teils besorgten, teils erbosten Vogelfütterern oder Füttergegnern, sie hätten „Beweise" dafür, dass Vogeleltern ihre Jungen zu Tode gefüttert hätten – und zwar mit dem „falschen" Futter von der Futterstelle. Die „Beweise": meistens tote junge Meisen im Nest, und im Rachen – ein Sonnenblumenkern – also ganz klar daran erstickt. In Wirklichkeit: kein Beweis, sondern ein Trugschluss aus Unwissenheit und damit dummes Geschwätz. Hier der wahre Sachverhalt.

Wer normale vitale Jungvögel von Hand aufzieht weiß: Sie haben einen so weiten, dehnbaren Schlund, dass man nicht nur dicke „Bollen" allen möglichen Futters verabreichen, sondern auch mit der Pinzette bis fast in den Magen eintauchen kann, ohne sie zu verletzen. Passt ihnen etwas nicht – wie etwa ein ungeschälter Sonnenblumen- oder ein Kirschkern, wird er auch von einer jungen Meise vehement ausgeschleudert, oft so heftig, dass einem der Auswurf bisweilen an der Brille klebt.

In der freien Natur gehören Meisen zu den Arten, die „vorsichtshalber" oft sehr viele Eier legen – nicht selten mehr als zehn, etwa im Gegensatz zu Grasmücken u. a., deren Gelege nur drei bis fünf Eier enthalten. Sinn der vielen Eier: Kommt eine warme insektenreiche Auf-

01

02

01 Entnimmt man aus einer Kokosnuss nur die „Milch", hacken Blaumeisen und andere das Nuss-Fleisch aus; später kann man die Nuss mit einer Fettmischung füllen.

02 Nochmals eine Tannenmeise, mit dem kennzeichnenden Nackenfleck – hier an einem Silo mit vogelfreundlichen Sitzringen

zuchtperiode, können viele Jungvögel flügge werden – früher vor allem Vorsorge im Hinblick auf die hohe Sterblichkeit in strengen Wintern (während Grasmücken durch Wegzug in warme Gefilde mit weniger Nachkommen auskommen). War die Brutperiode hingegen kühl und insektenarm, fiel ein Teil der Nestjungen als sogenannte Nesthäkchen kontinuierlich zurück, starb schließlich ab, und nur ein Teil der Jungen (manchmal ganz wenige oder auch gar keine) wurden flügge. Nesthäkchen sterben nicht rasch, sondern allmählich, und oft zieht sich ihr Absterben über etliche Tage hin. Dabei werden sie blutarm-bleich, kühlen aus, werden träge, und vor allem auch ihre Verdauung erlischt allmählich. Versucht man derartig geschwächte Nestlinge von Hand durchzupäppeln, gelingt das ab einem bestimmten Stadium selbst mit bestem Futter im Wärmeschrank nicht mehr – die Hungerschäden sind irreversibel. In der Natur versuchen Vogeleltern, bei ausreichendem Nahrungsangebot auch absterbenden Nesthäkchen etwas in den Rachen zu stopfen, solange sie noch den Schnabel aufsperren, was sie selbst bis kurz vor dem Tod reflexartig häufig tun. Im Endstadium können solche halbtoten Jungvögel aber oft nichts mehr schlucken – kein Korn, kein Räupchen, keine Fliege. Deshalb findet man manchmal tote Nesthäkchen buchstäblich mit dem „letzten Bissen" im Halse – aber sie sind nicht daran gestorben. Also: Gesunde Jungvögel können nicht mit „falschem" Futter von der Futterstelle umgebracht werden – wohl hingegen z. B. durch mit Gift besprühten Blattläusen an Rosen usw. Werden gesunde Jungvögel von ihren Eltern zwischendurch mit Futter von einer Futterstelle versorgt, das ihnen nicht behagt, schleudern sie es alsbald wieder aus. Oft aber hilft ihnen derartiges Futter in unserer an Insekten immer ärmer werdenden Zeit, Engpässe in der Nahrungsbeschaffung durch ihre Eltern zu überleben.

Eine Futterstelle bringt interessante Überraschungen: seltene Arten – wie etwa einen Kernbeißer – oder oft besondere Verhaltensweisen der Besucher.

FUTTERSTELLENBESUCH & -VERBRAUCH IM JAHRESLAUF

VÖGEL AM FUTTERPLATZ IM LAUFE DES JAHRES

Würden Vögel durch Zufütterung zu „behäbigen Faulenzern" und zu Opfern einer um sich greifenden „Wohlstandsverwahrlosung", wie immer wieder herbeigeredet, müssten sich um gut beschickte Futterstellen Scharen von Vögeln ansammeln, etwa wie Besucher beim Münchner Oktoberfest auf der Wies'n. Tatsache ist: Man beobachtet regelmäßig jahreszeitlich stark variierenden Futterstellenbesuch. Wir haben ihn folgendermaßen gründlich untersucht: An drei Großfutterstellen – am Schafstall, am Wohnhaus und im Wald bei Alberweiler – wurden drei bzw. zwei Jahre lang in jedem Monat einen Tag lang in um die Futterstellen herum aufgestellten feinmaschigen Kunststoffnetzen die anfliegenden Vögel gefangen, beringt und gezählt. Die erzielten Fangmuster (Abb. Seite 93) spiegeln, wie zusätzliche Beobachtungen zeigen, sehr gut die saisonal wechselnde Intensität des Futterstellenbesuches wider.

Sicher für viele – vor allem mit dem Zufüttern erst beginnende – Vogelfreunde überraschend: Die meisten Vögel besuchen Futterplätze regelmäßig zur Brutzeit von Juni bis August! In dieser Zeit sind, wie oben gezeigt, unsere Vögel am meisten gefordert – vor allem durch die Aufzucht der Jungen – und haben folglich dann besonders hohen Energiebedarf. Weiterer starker

Besuch fällt in die Wintermonate von November bis Februar, der abhängig von Wetter und Zuzug (vor allem von Meisen) stark schwankt, und Tiefstwerte treten vor der Brutzeit und im September / Oktober auf. Letztere sind besonders bemerkenswert: Wenn es bei uns die meisten Vögel gibt, nämlich nach Ausfliegen aller Bruten während des Hauptdurchzuges und vor Einsetzen der Wintersterblichkeit – im September / Oktober – dann erreicht der Futterstellenbesuch paradoxerweise sein Minimum! Einen besseren Beweis dafür, dass Zufüttern nicht zu Faulenzerei und Wohlstandsverwahrlosung führt, kann man sich nicht denken.

Die Ursachen für den „Herbsteinbruch" sind folgende: Vögel sind in dieser Zeit weitgehend frei von Stress – die mühevolle Aufzucht- und die kritische Mauserperiode sind abgeschlossen, und selbst unsere ausgeräumte Kulturlandschaft bietet um diese Zeit relativ viel Nahrung an noch aktiven Insekten, Beeren, Früchten und auch Samen von verbliebenen Wildpflanzen. Hätten wir noch paradiesische Verhältnisse für unsere Vögel in der freien Natur wie früher einmal mit Nahrung im Überfluss[33], würden auch im Winter nur manche Arten an Futterstellen kommen und bei normalem Insektenreichtum wie früher auch zur Brutzeit

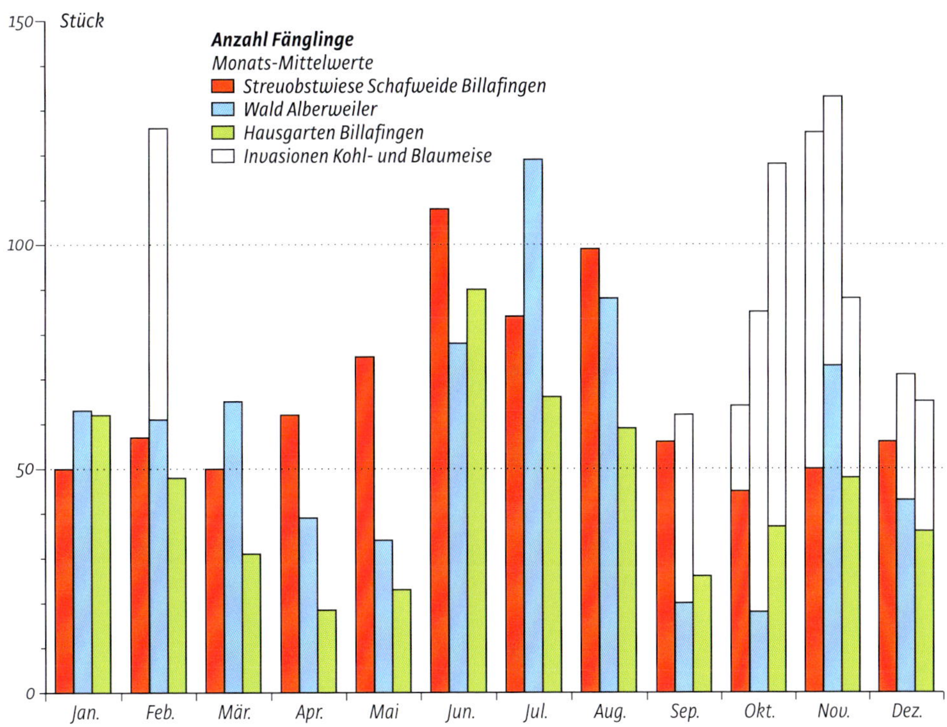

Die jahreszeitliche Verteilung von an drei Futterstellen (erstmals) gefangenen (und dann beringten) Individuen. Dieses und die auf den folgenden beiden Seiten dargestellten Fangmuster basieren auf insgesamt 5956 beringten Individuen 56 verschiedener Vogelarten.

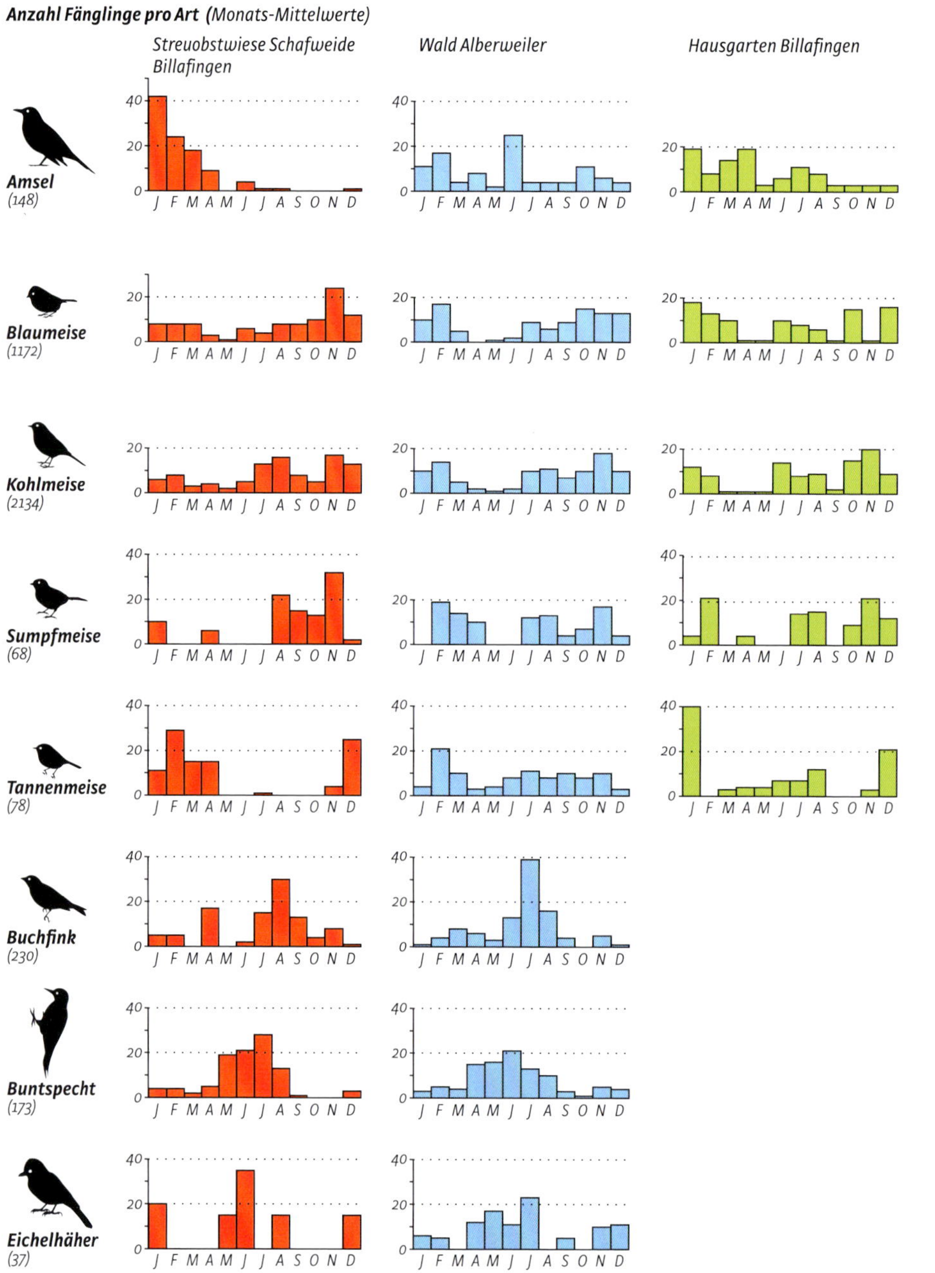

Jahreszeitliche Verteilung von Fänglingen (erstmals gefangenen und beringten Individuen) von 16 verschiedenen Arten an bis zu drei Futterstellen

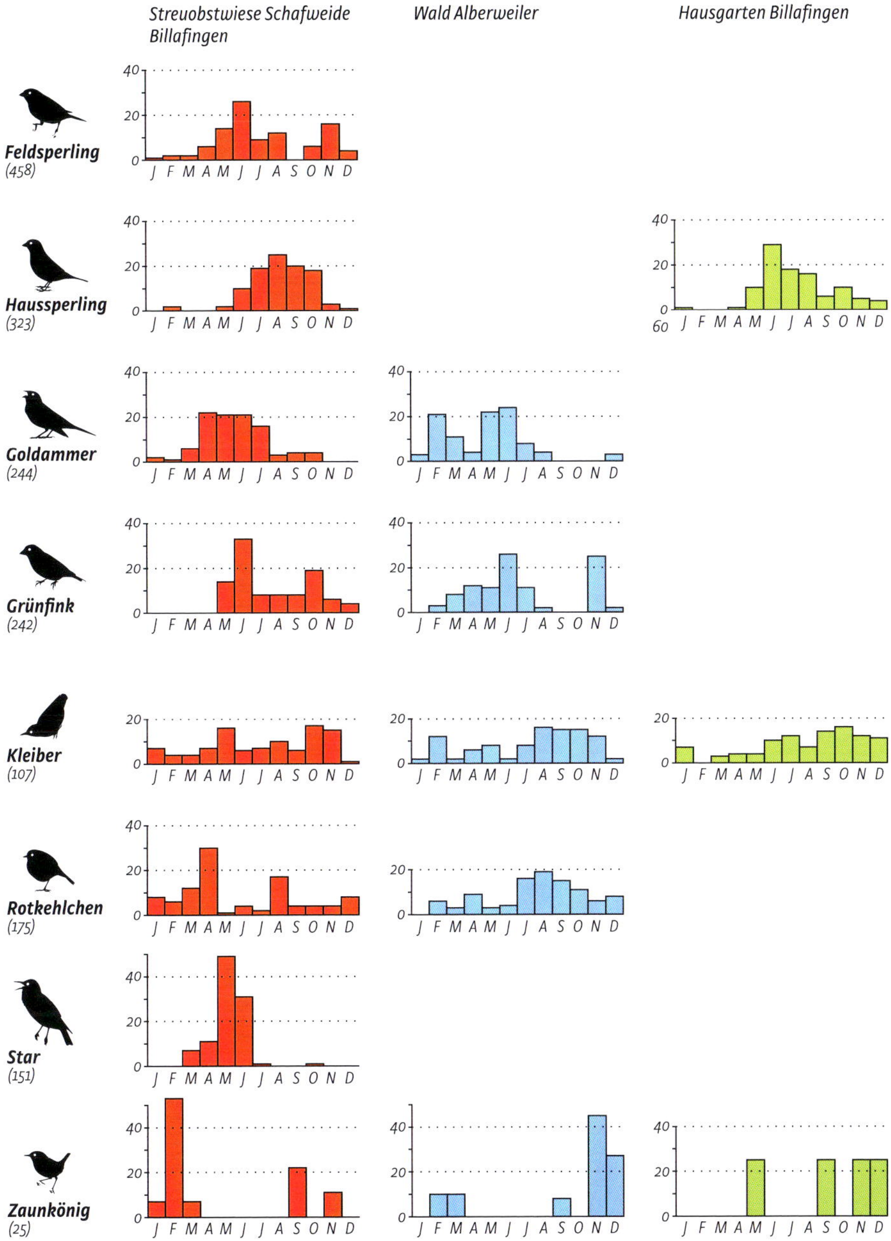

Streuobstwiese Schafweide Billafingen
Wald Alberweiler
Hausgarten Billafingen
Feldsperling (458)
Haussperling (323)
Goldammer (244)
Grünfink (242)
Kleiber (107)
Rotkehlchen (175)
Star (151)
Zaunkönig (25)
J F M A M J J A S O N D

kaum oder gar nicht. Aber heute haben Futterstellen für viele Vögel absolut Überlebenswert. Hoch interessant ist auch die Verteilung der Altersklassen an den Futterstellen nach der Brutzeit. Dazu ein Beispiel vom August 2014 im Alberweiler Wald: Von 101 beringten Vögeln – 60 Kohlmeisen, 9 Buchfinken, je 6 Rotkehlchen und Buntspechten und einigen Individuen weiterer Arten – waren alle bis auf einen Buchfinken Jungvögel der vorangehenden Brutsaison, die noch an der Futterstelle „hingen", während die Altvögel – nun in der Mauser – bereits auf der Suche nach Insekten usw. im Gelände unterwegs waren.
Aufschlussreich ist auch, wie unterschiedlich die saisonalen Muster der Intensität der Futterstellenbesuche einzelner Arten sind. Die Abbildungen auf Seite 94 / 95 zeigen 37 Beispiele für 16 Arten. Einige Arten weisen starke Konzentration auf die Brutzeit auf (v. a. Star, aber auch Feldsperling, Goldammer, z. T. Buntspecht), andere auf die Zeit nach der Brutperiode (Haussperling, Grünfink, Sumpfmeise, Buchfink) oder auf die Wintermonate (Zaunkönig, z. T. Amsel, Tannenmeise), während andere mehr gleichförmig übers Jahr verteilt erscheinen (Blaumeise, Kleiber u. a.). Interessant sind auch die z. T. starken Unterschiede innerhalb einer Art in den drei untersuchten Habitaten.

FUTTERVERBRAUCH IM JAHRESVERLAUF

In Großbritannien wurden 19 Vogelarten auf ihren Futterverbrauch an Futterstellen in Gärten untersucht – die Ergebnisse zeigt die Abbildung auf Seite 97. Dabei mag viele – vor allem mit der Ganzjahresfütterung Beginnende – erstaunen, dass bei den meisten Arten der Futterverbrauch bis in die Brutzeit hinein hoch bleibt oder dann erst oder wieder ansteigt (Buchfink, Kleiber, Buntspecht) und bei vielen Tiefstwerte nach der Brutzeit erreicht, wenn die Populationen die meisten Individuen aufweisen. Dieses jahreszeitliche Muster deckt sich jedoch im Wesentlichen mit dem der im vorangehenden Abschnitt dargestellten saisonalen Futterstellenbesuche.
Inzwischen haben auch wir den jahreszeitlichen Futterverbrauch an unseren Futterstellen genau ermittelt (Abb. Seite 98). Der Verzehr von Fett (Meisenknödel, also Rindertalg sowie Margarine) ist in der Brutzeit (April bis Juli) am höchsten, auch im Winter relativ hoch, und dazwischen am niedrigsten. Auch dieses Muster entspricht sehr genau dem des jahreszeitlichen Futterstellenbesuches und erklärt sich aus dem saisonal wechselnden Energiebedarf. Beim Streufutter zeigt sich eine ähnliche Tendenz, aber mit starken „Ausreißer-Werten" im Winter, an anderen Futterplätzen wie bei Eveline und Hanshenner Dabel in Burow auch schon ab August. Diese „Ausreißer" beruhen in erster Linie auf dem Verbrauch von Sonnenblumenkernen, der jedoch nicht mit Verzehr gleichzusetzen ist wie beim Fettfutter. Vielmehr verstecken eine Reihe von Arten wie Meisen, Kleiber und Eichelhäher nach der Brutzeit Samen als Vorrat für nahrungsarme Zeiten. Dabei tragen vor allem Kleiber in Serien von Anflügen Schnäbel voller Sonnenblumensamen weg, um sie in Baum- und Mauerritzen zu deponieren[140], die zwar hohen Futterverbrauch, nicht aber -verzehr bedeuten, da viele Samen liegen bleiben und z. T. auskeimen.

NÜTZLICHE TIPPS FÜR DIE URLAUBSZEIT

Besorgte Vogelfreunde fragen an: Darf ich überhaupt eine Ganzjahres-Futterstelle einrichten, wenn sie während meines Urlaubs keiner ver-

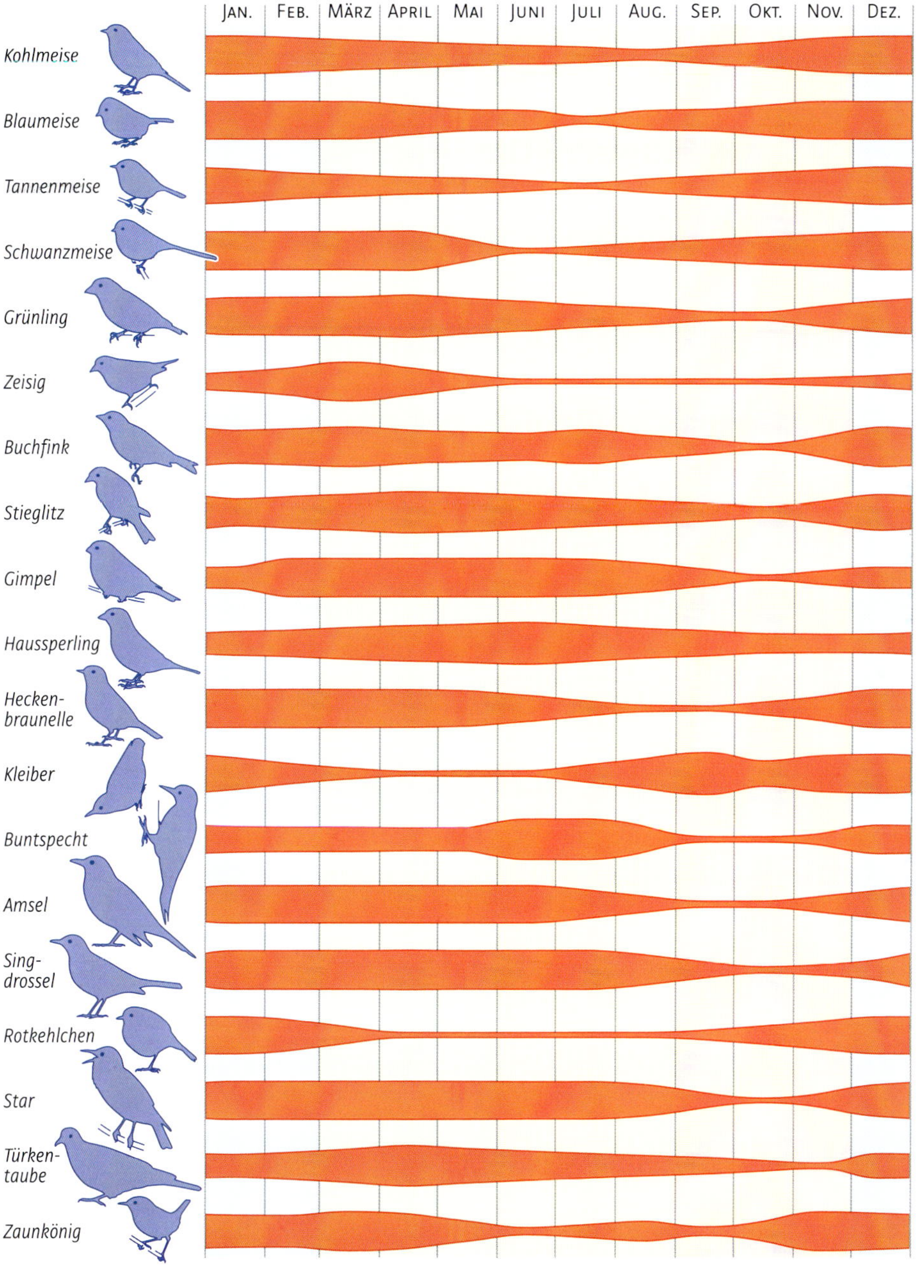

Der relative durchschnittliche jahreszeitliche Futterverbrauch von 19 Vogelarten an Futterstellen in Gärten in England

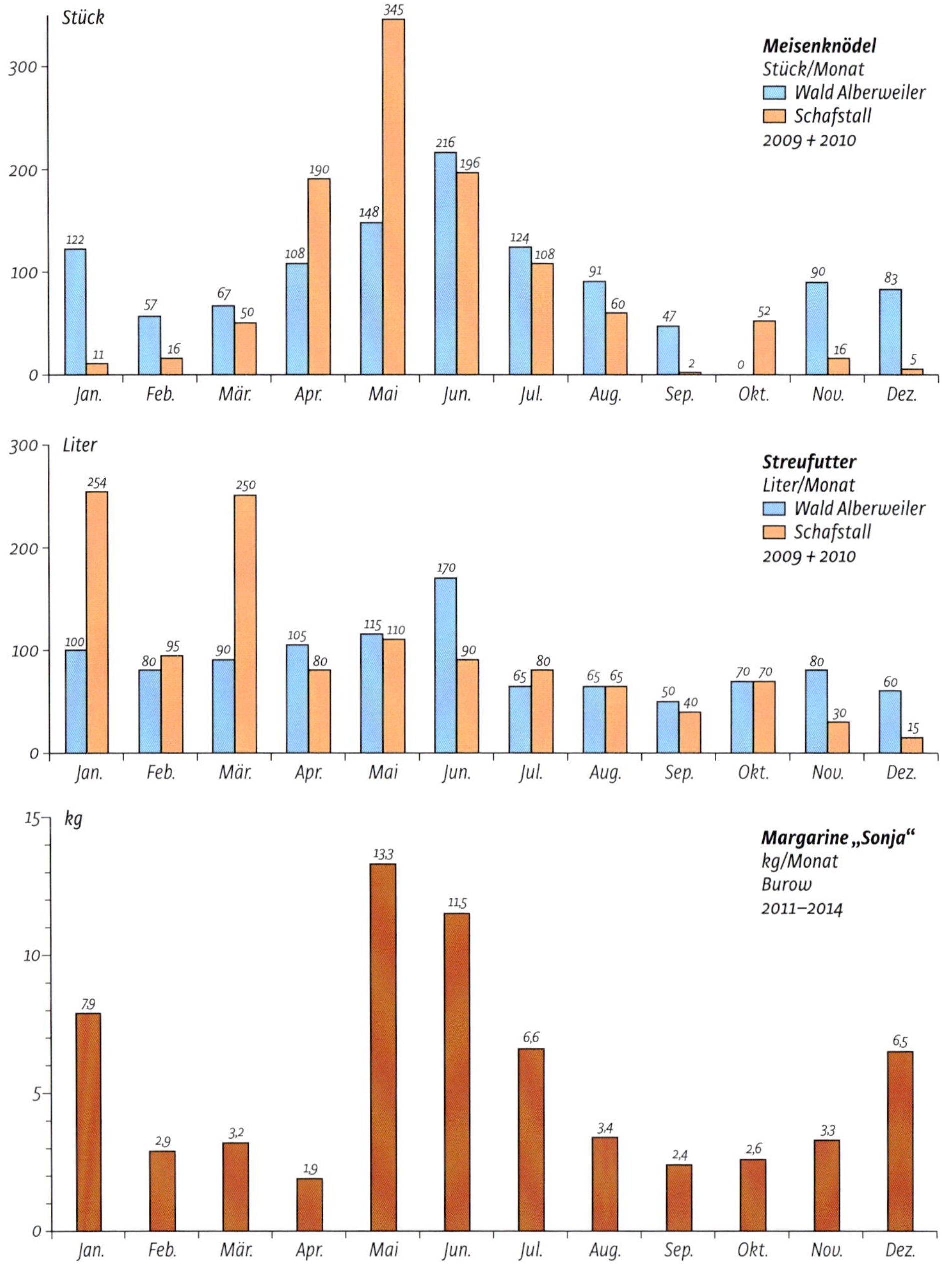

Verzehr von Meisenknödeln und Streufutter im Jahresverlauf in Süddeutschland sowie von Margarine in Nordostdeutschland

sorgt? Verhungern dann womöglich im Stich gelassene Vögel? Kein Problem – mit leicht einzurichtender Vorratsfütterung lassen sich Zeiträume von mehreren Wochen gut überbrücken. Ideal ist neben dem gut gefüllten Futterhaus folgende Dreier-Kombination, die die Abbildung unten zeigt:

1. **Das Großraum-Silo:** Einige Firmen (Schwegler, Vivara) bieten Futter-Silos an, die 6 Liter oder ca. 3,5 kg Streufutter fassen. Vom festgestellten Futterverbrauch her schätzt man ab, mit wie vielen gefüllten Großsilos sich welcher Zeitraum abdecken lässt. Der NABU Bremen hat vor seiner Geschäftsstelle im Vahrer Feldweg sogar eine 2 m hohe Futtersäule aufgestellt (Weser Kurier 2013), noch größere gibt es in den USA, und ein 2,8 m hohes Silo „Antispatz" diente früher der Sperlingsabwehr.
2. **Fett-(Meisen-)Knödel:** Sie können als ideales Ganzjahresfutter, das im Sommerhalbjahr besonders wichtig ist, in beliebiger erforderlicher Anzahl auf Vorrat angeboten werden, und zwar z. B. in den oben beschriebenen Stahlspiralen. Mit einer Reihe von derart gefüllten Spiralen lässt sich auch längerer Urlaub gut überbrücken.
3. **Erdnuss-Spender:** Das oben beschriebene Gitterwand-Silo ist ebenfalls bestens geeignet für ein hochwertiges Futterangebot von Nüssen auf Vorrat.

Maßnahmen vor einem Sommerurlaub

Gilt es, einen Sommerurlaub mit hohen Temperaturen und starken Gewitterschauern zu überbrücken, sind drei weitere Vorkehrungen hilfreich:

1. Vor allem Knödel sollten im Schatten hängen, sodass sie bei starker Sonneneinstrahlung nicht zu weich werden.
2. Zum Schutz vor Sonne und Regen sollte man Silos und Spiralen mit Knödeln unter einem waagrecht angebrachten Brett, Blech oder Kunststoffdach aufhängen (Abbildung Seite 99). Sie sollten aber gut angeflogen werden können, damit auch empfindliche Arten, wie z. B. Finken, die Futterstelle weiterhin besuchen können.
3. Damit sich bei Hitze und Feuchtigkeit unter Fütterungen aus dem hinunterfallenden Futter kein unhygienischer Bodensatz für am Boden fressende Vögel bildet, ist zu empfehlen: Ein etwa 2,5 cm hoher, in Länge und Breite der Futterstelle angepasster Lattenrost, z. B. aus Dachlatten, mit relativ feinem Maschendraht („Hasenstalldraht") bespannt und unter die Fütterungseinrichtung gelegt, macht die unter den Draht fallenden Futterreste, die sich mit Vogelkot vermischen, für Vögel unerreichbar und können nach dem Urlaub entsorgt werden.

Überdachtes Gestell zur Abwehr von Krähen usw. und als Wetterschutz mit Silos, Spiralen und Bodenfütterung; dahinter ein großes Futterhaus

MUSTERBEISPIEL: DER STAR

Der Star ist ein Musterbeispiel für angepasste jahreszeitliche Futterstellenbenutzung. Bevor weitere Fragen der Fütterung behandelt werden, zeigt dieses Beispiel „aus dem vollen Leben" unserer Vögel, wie hilfreich und zweckdienlich Zufüttern im Sommer sein kann.

ALLGEMEINE PROBLEME

Der Star ist ein Paradebeispiel dafür, wie Vögel Futterstellen geradezu „sinnvoll" nur dann nutzen, wenn dringend erforderlich: zum einen, wenn sie durch Nahrungsengpässe in Not geraten, zum anderen bei besonders hohem Energiebedarf, also v. a. in der Brutzeit. Ansonsten lassen Stare Futterplätze meist völlig unbeachtet, selbst wenn sie sich in deren Nähe aufhalten. Damit strafen sie all diejenigen Lügen, die behaupten, Zufütterung mache freilebende Vögel abhängig, faul und führe zu Wohlstandsverwahrlosung und Fettlebe.

Die zeitweilige Nutzung von Futterstellen durch Stare sieht bei uns am Wohnhaus und am Schafstall folgendermaßen aus und wird ähnlich an vielen Stellen beobachtet. Man braucht dazu: ein Futterhaus, Meisenknödel, nahe der Futterstelle natürliche Staren-Bruthöhlen oder aufgehängte Staren-Nistkästen und ein Umfeld, in dem Stare überhaupt leben und brüten können – also Offenland mit Wiesen oder Weiden. Dann ergibt sich etwa folgender Jahresablauf: In den meisten Gebieten Deutschlands sind Stare noch Zugvögel und kehren in der Regel ab Februar / März an ihre Brutplätze zurück. Kennen sie Futterstellen, nutzen sie sie sofort nach ihrer Rückkehr, meistens ein paar Mal am Tag, um im Futterhaus Getreideflocken, Rosinen, auch Sämereien usw. zu verzehren und v. a. Fett von den Knödeln. Gibt es einen Wintereinbruch mit Schnee, der ihnen Feldfluren unzugänglich macht und auch zu Zugstau führt[30], können Hunderte oder Tausende an die Futterstelle drängen, die dann „schwarz" werden kann. Schmilzt der Schnee, verschwinden auch die vielen Stare rasch wieder, und die wenigen verbleibenden erscheinen wie zuvor ein paar Mal am Tag.

Das ändert sich in der Brutzeit, wenn die Jungen gefüttert werden müssen. Dann sind oft weite Flüge erforderlich, denn Stare benötigen zur Suche von Würmern, Larven usw. kurzrasige Wiesen, v. a. Viehweiden[104], die in vielen Gebieten durch intensiv gedüngte Mähwiesen, Maisanbau u. a. weitgehend verdrängt wurden. Oft müssen sie sich mit gemähten Straßenrändern, Sportplätzen und dergleichen behelfen, wo das Nahrungsangebot spärlich ist. Dieser eklatante Nahrungsmangel hat zu starkem Rückgang der Stare in ganz Europa geführt. Bei Nistkastenkontrollen findet man häufig die Auswirkungen davon: tote Jungvögel, die verhungert sind. Dagegen hilft die Ganzjahres- oder Brutzeit-Fütterung.

BEOBACHTUNGEN IN DER BRUTZEIT

Befindet sich in der Nähe von Starennestern eine Futterstelle, beobachtet man zur Brutzeit Folgendes: Die Altvögel kommen mit Larven usw. im Schnabel oft von weit her zum Nistplatz zurück, füttern die bettelnden Jungen und fliegen danach den Meisenknödelbehälter an, wo sie hastig Fett fressen, bevor sie wieder z. T. kilometerweit ins Land hinausfliegen, um erneut Futtertiere für ihre Jungen zu sammeln. Mit dem Fett von den Knödeln „tanken“ die Vögel regelrecht den „Treibstoff“, der ihnen selbst weite Flüge erlaubt. Das Fett wird nämlich wie oben beschrieben in ihrem Flug-„Motor“ – den Brustmuskeln – direkt zu Wasser und Kohlendioxid „verbrannt“, wobei die Energie zum Fliegen entsteht. Können sie Fett an Futterstellen aufnehmen, brauchen sie selbst nur wenig tierische Nahrung und können die gesammelten Futtertiere überwiegend ihren Jungen verfüttern, die damit auch bei schwer zu beschaffender natürlicher Nahrung durchkommen können.

Bei ungünstigem Wetter – niedrigen Temperaturen, Regen, Sturm – beobachtet man weiteres angepasstes Verhalten. Dann kommen die Altstare oft mit nur wenig Futter im Schnabel zum Nest zurück. Und mit diesem wenigen Futter im Schnabel fliegen sie von Zeit zu Zeit zunächst die Fettknödel an, um zu den relativ wenigen Larven, Würmern usw. noch etwas Fett dazu aufzunehmen, bevor dann alles gemeinsam an die Jungen verfüttert wird. Dieses „Mischfutter“ ermöglicht vielen Jungstaren, auch bei sonst tödlichen Nahrungsengpässen zu überleben. Auch nach solchen Misch-Fütterungen fressen die Altvögel dann selbst wieder viel Fett, bevor die nächste Runde Schwerarbeit folgt. Ist der Nahrungsengpass vorbei, werden wieder Nahrungstiere als Alleinfutter an die Jungen verabreicht. Man ist geneigt zu sagen: genial!

Einige Zeit nach dem Ausfliegen von Jungen von Zweit- oder Ersatzbruten verschwinden Stare aus vielen Gebieten nahezu völlig – und damit auch von den Futterstellen. Das ist gut zu wissen für diejenigen, denen Trupps von Staren an der Futterstelle u. U. Sorgen bereiten – bald nach Ende der Brutzeit ist der Spuk meist vorbei. Sogenannter Zwischenzug führt Stare in tiefe Lagen wie die Rheinebene, wobei Vögel aus der Schweiz nordwärts bis Holland wandern können, bevor sie später im Jahr in Win-

Wenn sich an Futterstellen Stare, Goldammern und Finken einstellen, hilft die Bodenfütterung weiter, dauerhaft auch unter einem Dach.

Stare können Fett aus Knödeln nicht nur schnell und geschickt herauspicken, sondern auch durch „Zirkeln" – Spreizen und Drehen des geöffneten Schnabels – lockern.

terquartiere im Mittelmeerraum ziehen[30]. Dieser Zwischenzug bringt die Vögel in Gebiete mit reichhaltigem Angebot besonders an pflanzlicher Nahrung wie Kirschen, Holunder, Weinbeeren usw., in denen sie gut mausern und sich für den Wegzug vorbereiten können.
Bevor sie wegziehen, erscheinen die Alt- und auch viele Jungstare im September / Oktober noch einmal an den Brutplätzen zur Herbstbalz. Dabei singen sie oft stundenlang an ihren Bruthöhlen, schlagen in typischer Weise mit ihren Flügeln und tragen nicht selten auch Nistmaterial ein. Ob diese Herbstbalz schon eine Art Einstimmung auf die nächste Brutzeit oder ein Überbleibsel einer früheren Herbstbrutzeit darstellt, ist offen. Aber eines fällt auf: Obwohl sich Stare bei der Herbstbalz oft nur wenige Meter von den Futterstellen entfernt aufhalten, die sie noch vor wenigen Wochen nach fast jeder Fütterung ihrer Jungen besucht haben und an denen sich auch ihre flüggen Jungen vor dem Zwischenzug gütlich getan haben, lassen sie die Futterplätze nun häufig unbeachtet. Stattdessen befliegen sie z. B. den Weinstock am Balkon daneben, die Hartriegelbüsche in den Gartenrandhecken, um Beeren zu verzehren, und sie jagen um die Mittagszeit stundenlang in charakteristischem Steig- und Gleitflug fliegende Insekten, auch direkt über der Futterstelle. Häufig verschwinden die Stare gegen Ende Oktober in Richtung Winterquartier, ohne die Futterstellen besucht zu haben.
Anders sieht es aus in Gebieten, in denen Stare bei uns bereits regelmäßig überwintern, z. B. im Frankfurter Raum oder Ruhrgebiet. Dort kommen sie zum Winter hin zunehmend an „ihre" Futterstellen zurück, die sie dann – wie beschrieben – wieder bis zum Ende der nächsten Brutzeit besuchen.

FAZIT

Stare nutzen Futterstellen dann, wenn sie Probleme haben, ausreichend Nahrung für sich oder für ihre Jungen zu finden. Gibt es genügend Nahrung – wie v. a. nach der Brutzeit –, werden Fütterungen praktisch völlig gemieden. Hätten wir wieder reichhaltiges natürliches Nahrungsangebot wie bis in die 1950er-Jahre, bevor die Starenpopulationen Europas einbrachen, würden Stare vermutlich Futterstellen gar nicht besuchen oder allenfalls bei Wintereinbrüchen. Nahrungsreiche Verhältnisse sind in unserer ausgeräumten Landschaft für die nächsten Jahrzehnte keinesfalls zu erwarten, im Gegenteil eher weitere Nahrungsverknappung. Deshalb sollten wir Staren und vielen anderen zeitweilig bedürftigen Arten durch ganzjährige Zufütterung für den Bedarfsfall gedeckten Tisch bereithalten.

WENN VÖGEL VON DER FUTTERSTELLE WEGBLEIBEN

KRITISCHE JAHRESZEITEN

Oben wurde beschrieben, warum an vielen Futterstellen im September/Oktober nur wenige Vögel auftauchen: Die Ursachen sind relativ geringer Energiebedarf und oftmals ausreichendes Angebot an natürlicher Nahrung. Entsprechende Verhältnisse sind z. T. auch für die Zeit vor der Brutperiode typisch. Von Dezember bis März werden wir häufig gefragt: Warum sind an unserer Futterstelle nur wenige oder fast gar keine Vögel oder plötzlich viel weniger als zuvor? Und dabei taucht die Sorge auf, dies könne vielleicht am angebotenen Futter liegen. Das beobachtete Fernbleiben kann verschiedene Ursachen haben, die mit dem Futter nichts zu tun haben müssen und hier kurz behandelt werden.

Kernbeißer und Erlenzeisig-Weibchen am Fettfutter – bei ausreichendem Angebot gibt es wenig Streitereien.

FÜTTERUNG ZU SPÄT GESTARTET

Immer wieder hören wir etwa, mit der Fütterung sei „bereits" Mitte Dezember begonnen worden und nun wären an Weihnachten immer noch kaum Vögel da. Kein Wunder: Wer schon nicht ganzjährig füttert, sollte die Winterfütterung spätestens im September beginnen, damit sich Vögel allmählich an eine neue Futterstelle oder auch an eine alte wieder gewöhnen können.

FÜTTERUNG UNTERBROCHEN

Bisweilen erfährt man beim „Nachbohren", dass die Fütterung während des Skiurlaubs oder dergleichen ausgesetzt wurde. Das ist für Vögel oft kein Spaß, kann sie erheblich in Bedrängnis bringen, und sie werden sich, wenn möglich, eine verlässlichere Futterquelle suchen. Dabei kann in solchen Fällen mit Vorratsfütterung leicht überbrückt werden (siehe oben).

AUSDÜNNEFFEKTE

Der zeitweilig reduzierte Futterstellenbesuch kann auch auf drei natürlichen und einem durch Mitbürger bedingten „Verdünnungseffekt" beruhen. Wer ganzjährig füttert weiß, dass die meisten Vögel Futterstellen im Sommer aufsuchen, wenn die Populationen durch die ausgeflogenen Jungvögel wesentlich größer sind als zu Beginn der Brutzeit oder auch bei Wintereinbrüchen, wenn Tausende in Not geratene Vögel wie Heuschrecken einfallen können. Nach der Brutzeit dünnen v. a. Kleinvogelpopulationen allmählich aus durch das Wegsterben vieler Jungvögel, durch das Abwandern in neue Lebensräume sowie durch Wegzug in entfernte Winterquartiere bis hin zur Winterflucht, die noch im Januar/Februar stattfinden kann[30]. Diese Ausdünnung kann ausgeglichen werden durch Zuwandern von anderswoher oder durch Zuzug von Wintergästen, wobei sehr starke regionale sowie Unterschiede von Jahr zu Jahr auftreten. Das Fernbleiben wird verstärkt durch die Eigenschaft vieler Arten, im Winter ihre Aktivität stark zu reduzieren, um Energie zu sparen. Da Vögel dann weniger umherstreifen, erscheinen sie im Winter auch seltener an neuen Futterstellen. Und schließlich gibt es einen „Weihnachtseffekt". Vielen Menschen geht in der friedvollen Weihnachtszeit das Herz auf – auch für die um diese Zeit oft Hunger leidenden Vögel. Oder sie stolpern einfach über das um diese Zeit überall angebotene Vogelfutter, z. B. in ihrem Supermarkt. Fällt dann noch etwas Schnee, füttert mancherorts nahezu jedermann. Das Ergebnis: Überspitzt ausgedrückt hat dann jede Meise ihre eigene Futterstelle im Revier und braucht gar nicht mehr andere Futterplätze aufzusuchen, deren Besucherzahl dann ausdünnt.

Futterhaus im Landhausstil – dekorativ, aber oft nicht leicht mit Futter zu füllen und sauber zu halten

DAS MEISENRÄTSEL 2009/2010

2009 war für Meisen in Mitteleuropa ein normales Brutjahr – dennoch beobachtete man ab Herbst auffallend wenige Kohl- und andere Meisen an Futterstellen. Das blieb auch den Winter 2009/2010 hindurch so, und besorgte

Anrufe erreichten uns von Flensburg im Norden bis Innsbruck im Süden. Auch an unseren Futterstellen fingen wir bei Beringungsaktionen statt der üblichen 100 und mehr Meisen pro Fangtag gerade mal eine Handvoll. Was war geschehen?
Meisenspezialisten, die Futterstellen im Wald betreiben und im Winter schlafende Meisen beringen und untersuchen, brachten Licht ins Dunkel (so z. B. Karl-Heinz Schmidt in Schlüchtern, Hessen). Auch er beobachtete an den Futterstellen im Wald nur wenige Meisen, aber normalen Besatz an in Nistkästen übernachtenden Individuen. Und die nachts untersuchten Meisen waren zudem in ausgezeichneter Kondition (was eine sehr gute Brutsaison 2010 erwarten ließ, die dann auch eintrat). Von was aber lebten die Meisen, die es sich leisten konnten, von Futterstellen einfach wegzubleiben? Von Bucheckern! 2009 war nämlich eines der stärksten Buchenmastjahre Mitteleuropas und versorgte Wald bewohnende Tiere mit riesigen Mengen von Buchensamen. Neben den Meisen lebten davon auch Kleiber, Spechte, Eichelhäher u. a., die ebenfalls weniger an Futterstellen auftauchten. Und viele dieser Vögel kamen auch bei Schnee noch an die inzwischen von den Bäumen gefallenen Bucheckern: Wildschweine, die den Waldboden nach den begehrten „Buchelen" pflügten, machten sie auch den Vögeln weiterhin zugänglich. 2010 war dann naturgemäß ein schwaches Buchenmastjahr – und die Meisen kehrten an die Futterstellen zurück.
Diese Meisen-Bucheckern-Episode ist ein Bilderbuch-Lehrstück in Bezug auf die Irrmeinung, Vögel würden an Futterstellen der Wohlstandsverwahrlosung anheimfallen. Sie zeigt: Bietet die Natur wieder einmal – und sei es auch nur in einem Jahr – ausreichend Futter, nutzen es Heerscharen von Vögeln und verzichten auf die Zufütterung an Futterstellen. Auch in den Wintern 2016/2017 und 2020/2021 gab es wieder massenhaft Bucheckern mit ähnlichen Effekten.
Noch ein Tipp: Das Wegbleiben von Vögeln an Futterstellen ist oft ärgerlich oder schmerzlich. Es tritt umso weniger auf, je attraktiver ein Futterplatz angelegt und je besser er mit Leckerbissen ausgestattet ist. Und bei einer optimal betriebenen Ganzjahresfütterung werden in aller Regel immer viele Nahrungsgäste zugegen sein.

Das offene Futterbrett wird nicht nur von Grünlingen besucht, sondern auch von Buchfinken, Goldammern u. a.

Blaumeisen an Erdnüssen in der Schale, die sie ebenso geschickt aufhacken wie Schilfhalme, um darin überwinternde Insekten zu erbeuten.

UNERWÜNSCHTE GÄSTE AN FUTTERSTELLEN

An vielen Futterstellen tauchen irgendwann und z. T. regelmäßig ungebetene Gäste auf, die richtig Ärger machen können. In manchen Fällen fressen sie nur Futter weg, das für Kleinvögel gedacht ist und was unerfreulich ins Geld laufen kann, in schlimmeren Fällen drohen Konflikte mit Nachbarn oder Behörden, etwa, wenn in Städten Taubenfütterungsverbote bestehen (mit Strafandrohungen von bis zu 5000 € wie z. B. in Stuttgart oder für Mieter gar einer fristlosen Kündigung, Landgericht Düsseldorf, Az.: 21 S 112/92). In allen Fällen ist Abhilfe möglich, ohne dass die (gesetzlich keineswegs verbotene – siehe unten) Ganzjahresfütterung eingestellt werden müsste. Im Folgenden werden die verschiedenen Gruppen unerwünschter Futterstellenbesucher wegen ihrer unterschiedlichen Problematik und Abwehrmöglichkeiten nacheinander behandelt.

HAUSTAUBEN

Verwilderte Haustauben tauchen an Futterstellen für Kleinvögel v. a. in Städten auf, und diese „Stadttauben" bereiten oft Probleme. Vielerorts bestehen Fütterverbote, um „Taubenüberpopulationen" abzubauen, die häufig starke Verschmutzungen durch Kot hervorrufen[13]. Der Bayerische Verfassungsgerichtshof hat kürzlich ein Taubenfütterungsverbot ausdrücklich bestätigt und als verfassungskonform erklärt (Az.: Vf 5-VII-03). Demnach ist in ausgewiesenen Bereichen verboten, „Futter- und Lebensmittel auszulegen, die von Tauben aufgenommen werden"[186]. Davon gibt es auch für vogelfreundliche Bürger aus Gründen der Gleichbehandlung aller keine Ausnahme (Verwaltungsgericht Düsseldorf, Az.: 18 K 1622/11). Im Einzelnen ist die Rechtsprechung unterschiedlich (Die Rheinpfalz 4.1.2013).

Gegen unerwünschte verwilderte Stadttauben kann man Futterstellen jedoch leicht schützen: durch Aufhängen von Futtersilos, Erdnussspendern, Meisenknödeln usw., die für Tauben überhaupt oder an bestimmten Plätzen angebracht unzugänglich sind. Auch Futterhäuser kann man Tauben durch Absperrgitter oder Drähte verwehren. Durch sie können Kleinvögel und auch die kleinen Türkentauben mühelos ein und aus schlüpfen, nicht aber die größeren Haustauben. Türkentauben sollten keinesfalls ausgeschlossen werden, da ihre Bestände vielerorts abnehmen. Auch Vogelgrippe kann Zufütterung von Türken- und anderen Wildtaubenarten erforderlich machen[235]. Futtertische, Silos usw. werden auch durch spezielle Schutzkäfige (von Vivara) nur für Kleinvögel erreichbar. Selbst von Bodenfutterstellen kann man verwilderte Stadttauben fernhalten, indem man sie unter Deckung, z. B. in Gebüsch, anlegt, sodass Tauben sich nicht hintrauen. Damit Tauben unter Futterhäusern nicht an von Amseln usw. heruntergeworfenes Futter gelangen, kann man am Boden eine Auffangvorrichtung installieren: einen flachen Kasten, eine große Schale oder dergleichen, mit engmaschigem Maschendraht abgedeckt, sodass Tauben, aber auch Krähen u. a. keine Abfälle herauspicken können.

Ein gutes „Konzept zur tierschutzgerechten Regulierung der Stadttaubenpopulation" entwickelten Mitglieder der „Bundesarbeitsgruppe Stadttauben". Ihr Ziel – wie das der Landestierschutzbeiräte – ist die „Schaffung und dauerhafte Erhaltung eines gesunden Taubenbestands mit an die lokalen Anforderungen angepasster und kontrollierter Größe" und eine „kontrollierte Fütterung" an speziellen betreuten Taubenhäusern. So können Tauben angemessen ins Stadtleben eingegliedert und auch als wichtige Nahrungsgrundlage für die zunehmenden Bestände der Wanderfalken erhalten werden.

Taubenhaltung – zum Verzehr, als Opfertiere und zur Mistproduktion – wurde schon im 2. Jh. v. Chr. dokumentiert, und spezielle Taubentürme für bis zu 10 000 Vögel baute man in Ägypten, dem Iran und anderen Regionen. Sie sind so gebaut, dass Kot auf den Boden fällt und als Dünger genutzt werden kann (www.flugtippler.ch).

Durch das Aufstellen spezieller Taubenhäuser lassen sich die Stadttauben gezielt versorgen und im Brutbestand kontrollieren.

Ein altehrwürdiges Taubenhaus auf der griechischen Insel Tinos; darin wurden Tauben komfortabel gehalten und genutzt.

Mit Taubenhäusern und Begleitmaßnahmen sollte es gelingen, den hochinteressanten und weltweit erfolgreichen Straßentauben, deren Zucht schon vor 10 000 Jahren begann, wieder einen angemessenen Platz in unseren Städten einzurichten, ohne sie übermäßig zu vermehren noch sie ungerechtfertigt zu diffamieren. Wer sich näher für ihre Biologie interessiert, sei auf die Untersuchungen von Haag-Wackernagel[100] verwiesen. Dort erfährt man auch, welche humanpathogenen Krankheitserreger in Tauben nachgewiesen wurden und dass diesbezüglich „in der Bevölkerung oft eine irreale Angst herrscht".

Die Türkentaube geht vielerorts im Bestand wieder zurück und sollte von Futterstellen nicht ausgeschlossen werden.

Zum Schluss noch klipp und klar: Bei uns vorkommende Wildtauben fallen nirgendwo unter ein Fütterungsverbot. Die bei uns weitgehend verschwundene Turtel- und die stark zurückgehende Türkentaube sollten deshalb an Futterstellen, wenn sie erscheinen, unbedingt mit gefüttert werden, und durchaus auch Hohl- und Ringeltauben, die bei uns allmählich verstädtern und unsere vogelarm gewordenen Ortschaften bereichern.

KRÄHEN, SPERBER

Wenige Krähen, Dohlen oder Elstern können Futterstellen durchaus bereichern, zumal es hochinteressant ist, den intelligenten und lernfähigen Vögeln zuzuschauen, wie sie es meistern, sich Nahrungsquellen zu erschließen. So ist es immer wieder beeindruckend, wie sich „riesige" Rabenkrähen geschickt wie Blau- oder Tannenmeisen mit dem Rücken nach unten an Spiralen hängen, um Stücke von Meisenknödeln herauszupicken. Fallen jedoch Rabenkrähen scharenweise ein – an unsere Futterstelle in Alberweiler kamen bis zu 70 – ist Abhilfe nötig. Da helfen die bereits für Tauben beschriebenen Abwehrmaßnahmen oder ein überdachtes Gestell zum Aufhängen von Futterspendern (Abbildung Seite 99).

Im Übrigen sollte man „verkraftbare" Mengen an Krähen und Elstern an Futterstellen dulden. Wenn sie das dort angebotene Futter – auch Fleisch – erhalten, werden sie weniger Vogelnester plündern. Damit ist derartige Versorgung vogelfreundliche Ablenkungsfütterung! Auch Dohlen sollte man unbedingt füttern. Sie sind bei uns in vielen Gebieten stark im Bestand zu-

rückgegangen und leiden besonders an Nahrungsmangel.
Nun zum Sperber: Für diesen Vogeljäger ist eine Ganzjahresfütterung oft so etwas wie für uns ein tagtäglich betriebener Markt mit reichhaltigem Angebot – kein Wunder, wenn er sich einstellt. Und das ist absolut normal, zudem erfreulich und auch noch gut so. Sperber gehören zu unserer Vogelwelt wie andere Beutegreifer wie Habicht, Bussarde, Falken und spielen im Ökosystem eine wichtige Rolle. Um Haaresbreite hätten wir in der DDT-Ära die Sperber bei uns ausgerottet – freuen wir uns also, dass diese herrlichen Greifvögel erhalten blieben und sogar wieder zugenommen haben. Gut so: An unseren Futterstellen gibt es unter vielen Kleinvögeln immer eine Reihe, die sich „auf dem absteigenden Ast“ befinden, also kränkeln, an Verletzungen leiden oder altersschwach sind. Sie fallen bevorzugt Beutegreifern wie dem Sperber zum Opfer, wie vergleichende Untersuchungen zeigen[154]. Damit findet gerade auch an Futterstellen sinnvolle natürliche Selektion statt – in gewissem Umfang auch durch Katzen, und an Futterstellen u. U. sogar besser als anderswo, weil dort aus einer vergleichsweise großen Anzahl von Vögeln selektiert werden kann. So schmerzlich für Vogelfreunde der „Verlust“ schöner Singvögel durch Sperber am Futterplatz sein mag, so tröstlich sollte sein: Besser, der Sperber holt sich ohnehin bald wegfallende Vögel am Futterplatz als dass er anderswo einzelne kerngesunde erbeutet – etwa fütternde Altvögel am Nistkasten, in dem anschließend Jungvögel verhungern.

KATZEN, RATTEN UND ANDERE

Katzen können an Futterstellen großen Schaden anrichten, wenn sie z. B. aus guten Verstecken drumherum oder sogar im Futterhaus lauernd Vögel erbeuten können oder sie auch nur längere Zeit vom Futter abhalten. Dagegen hilft vielerlei wie katzensicheres Anlegen von Futterstellen bis zum Aufstellen eines Elektro-Weidezaunes, wie z. B. in der Schafhaltung üblich, um die gesamte Fütterungsanlage herum. Einzelheiten dazu findet man in einem speziellen Kapitel in Berthold 2017[33].
Äußerst unerwünscht an Futterstellen sind meist Ratten. Selbst viele Tierfreunde mögen sie nicht, und Rattenplage kann leicht Nachbarn u. a. auf den Plan rufen. Werden Futterstellen penibel sauber gehalten, vor allem auch durch Auffangen von herunterfallendem Futter in Schalen usw., stellen sich normalerweise keine Ratten ein. Sind jedoch in der näheren Umgebung von Futterstellen regelmäßig Ratten zugegen, können sie natürlich wiederholt an Vogelfutterplätzen auftauchen und dort auch Baue beziehen.
Ist Letzteres der Fall, ist am wirksamsten eine Vergiftungsaktion, wie sie regelmäßig von den meisten Kommunen an kritischen Stellen wie Kläranlagen, Abwasserkanälen usw. durchgeführt werden. Über die richtigen Maßnahmen lässt man sich z. B. in landwirtschaftlichen Genossenschaften beraten, wo auch gifthaltige Köder erhältlich sind. Ebenfalls sehr wirksam ist Lebendfang von Ratten in speziellen Fallen, wenn er bei den meist sehr vorsichtigen Tieren gelingt. Dafür ist es oft erforderlich, dass sich Ratten tagelang an Fallen gewöhnen können, bis sie hineinschlüpfen.
An manchen Futterstellen können auch Eichhörnchen Probleme bereiten. Sie lassen sich gut durch spezielle Nuss-Spender, die manche Firmen anbieten, von Vogelfutterhäusern ablenken. Tauchen andere „Mitesser“ auf wie Fuchs, Dachs, Waschbär usw., zieht man am besten zuständige Jäger zu Rate.

01

IST DAS FÜTTERN VON WASSERVÖGELN SINNVOLL?

Es kann reizvoll sein, am Ufer eines Sees Brotstücke ins Wasser zu werfen, um dann zu erleben, wie Schwäne, Blässhühner, Enten sowie Möwen z. T. in großer Anzahl herbeieilen, um sich um die Futterbrocken zu balgen. Kommen Wasservögel an bestimmte Stellen rasch in großer Zahl, werden sie dort wohl regelmäßig gefüttert werden – und damit ergeben sich schnell Probleme. Handelt es sich um kleinere Gewässer wie Teiche in Stadtparks, womöglich ohne Zu- und Abfluss, führt das Zufüttern von Brot usw., das sich durch viele Besucher in wenigen Wochen zu Zentnermengen aufsummieren kann, zu erheblicher Verschlechterung der Wasserqualität. Eine derartige Eutrophierung („Düngung") ruft meist übermäßiges Algenwachstum hervor, führt zu Wassertrübung, Faulschlammbildung usw. Dadurch werden Pflanzen, Kleinlebewesen und auch Fische geschädigt, wodurch das *natürliche Nahrungsan-*

01 Wasservogelansammlungen mit Schwänen, Enten, Blässhühnern und Möwen verlocken oft zu füttern – das aber ist fast überall, zu Recht, verboten.

02 Stockente mit Küken – auch sie brauchen kein Futter von uns, denn sie verzehren Kleingetier und Pflanzenteile von der Wasseroberfläche.

02

gebot für Wasservögel verringert wird. Und selbst in größeren Gewässern wie beispielsweise dem Bodensee kann das Füttern von Wasservögeln die natürlichen Lebensgemeinschaften in ufernahen Flachwasserzonen erheblich stören.

Futterzahme Wasservögel kommen vielfach nicht nur nahe ans Ufer, sondern häufig auch in angrenzende Promenaden, Parkwiesen usw. Dabei entstehen weitere Probleme, wenn etwa Trupps von Kanadagänsen, Schwänen oder Blässhühnern zum Futterbetteln in Liegewiesen von Bädern laufen und dabei viele Stellen verkoten. In schlimmen Fällen, wenn sich die angefütterten Vögel nicht vertreiben lassen, müssen aus Hygienegründen Bäder sogar zeitweilig geschlossen werden.

Diese negativen Faktoren der Fütterung von Wasservögeln machen es sinnvoll, diese Vögel in der freien Natur grundsätzlich *nicht* zu füttern. Vielerorts bestehen deshalb auch ähnlich strikte Verbote wie für das Füttern verwilderter Haustauben. Diese Verbote brauchen uns auch nicht zu bekümmern, da Wasservögel heute in unseren relativ nährstoffreichen Gewässern praktisch überall ausreichend natürliche Nahrung vorfinden. Sollten irgendwo Engpässe entstehen, erreichen sie als schnelle Flieger rasch andere Gewässer, wo sie ihr Auskommen finden.

Davon gibt es Ausnahmen: extrem strenge Winter, wie z. B. den „Jahrhundertwinter" 1962/1963 mit der Bodensee-„Seegfrörne". In solchen Wintern geraten auch viele Wasservögel in Not, und dann kann man ihnen durch das Offenhalten von Wasserflächen, Fütterung oder gar vorübergehende Aufnahme in geschützte Räume sinnvoll helfen[178]. Derartige Notfütterung macht jedoch keinen Sinn als gelegentliche Zufütterung von meist nährstoffarmem Weißbrot – sie muss ausschließlich Vogel- und Tierschutzverbänden vorbehalten bleiben und mit hochwertiger Nahrung an festgelegten Futterstellen vom Ufer entfernt organisiert werden.

HYGIENEMASSNAHMEN

BLITZBLANK – MUSS DAS SEIN?

Ein häufig vorgebrachter Einwand gegen die Vogelfütterung ist, sie bringe durch Krankheitsübertragungen an Futterstellen so viele tödliche Gefahren für Vögel mit sich, dass man sie unterlassen sollte. Das ist erfreulicherweise nicht der Fall, wie bereits oben dargestellt und nachfolgend noch einmal ausführlich behandelt.

Dauerbeobachtungen über Jahrzehnte zeigen[48], dass in Großbritannien selbst bei intensiver Ganzjahresfütterung Krankheitsfälle nur gelegentlich auftreten. Das ist, wenn man die Verhältnisse in der freien Natur näher betrachtet, gar nicht anders zu erwarten. Noch vor gut 50 Jahren befand sich in unseren Dörfern vor nahezu jedem Haus ein Misthaufen, von dem Jauche auf die ungeteerten Dorfstraßen lief und sich dort mit dem Kot von Pferden, Ochsen, usw. häufig in stinkenden Morast verwandelte. Alte Dorfbeschreibungen geben beredte Kunde von derart „riechbaren" Siedlungen, und Ältere von uns haben sie noch in persönlicher Erinnerung. Aus dem geschilderten Mist- und Jauche-Milieu haben jedoch Sperlinge, Goldammer, Haubenlerche, Star, Rotschwänze und viele andere Arten jahrhundertelang Nahrung aufgenommen. Wäre für sie ein derartig mit Dung, Abfällen u. a. belasteter Nährboden für Mikroben aller Art gefährlich gewesen, wären sie längst ausgestorben – aber gerade in jener Zeit für heutige Vorstellungen katastrophaler Hygieneverhältnisse wiesen die genannten Vogelarten blühende Bestände auf.

Vögel sind also offenbar selbst gegen derart „unsaubere" Lebensraumverhältnisse unempfindlich, und das ist auch nicht verwunderlich, da Vögel aufgrund ihrer Konstitution zweifach gut geschützt sind: Zum einen gewährleistet ihre hohe Körpertemperatur (bis ca. 45 °C![30]) – wie bei uns bei Infektionen durch Fieber – hohen Infektionsschutz, und zum anderen haben sie ein sehr gut funktionierendes Immunsystem.

Der Tierarzt Andreas Straub hat an der Vogelwarte Radolfzell drei Jahre lang in einer vergleichenden Studie an sauber gehaltenen und stark verschmutzten (nie gereinigten) Futterstellen über 1000 Singvögel von 25 verschiedenen Arten eingehend auf ein breites Spektrum an potenziellen Krankheitserregern untersucht, nämlich in Kot- und Kloakaltupferproben auf größere Parasiten wie Würmer, auf Kokzidien und vor allem auf Bakterien, dabei insbesondere auf Salmonellen, Yersinien und Listerien. Außerdem wurden Blutproben virologisch auf Antikörper getestet, besonders auch im Hinblick auf Erreger der verschiedenen Formen von Geflügelpest oder Vogelgrippe. Zu keiner Zeit, auch nicht in der warmen Sommerperiode, wurden selbst an den nicht sauber gehaltenen

Futterstellen Hinweise auf eine vermehrte Kontamination mit pathogenen Keimen festgestellt. Damit ergaben sich auch bei intensiver ganzjähriger Vogelfütterung keinerlei Anzeichen für eine Gefahr von Seuchenausbrüchen oder dergleichen. Das bedeutet, dass im Normalfall die in unseren Haushalten üblichen Hygienemaßnahmen völlig ausreichen, um Vögel an Futterstellen gesund zu erhalten[214]. Und ganz sicher ist übertriebene Reinlichkeit hier wie anderswo unnötig.

NORMAL SAUBER HALTEN REICHT

Nach weltweit gemachten Erfahrungen empfiehlt sich für Futterstellen als Hygiene: Werden Futterhäuser verwendet, die von vielen Arten besucht werden, kann man sich die Reinigung durch Einlegepapiere, herausnehmbare Begrenzungsbrettchen und -leisten oder schubladenartige Einsätze erleichtern. Reinhaltung wird weiterhin begünstigt durch häufige Verabreichung kleinerer Futtermengen und regelmäßiges Entfernen alten Futters sowie durch Vorkehrungen, die verhindern, dass Futter nass wird und schimmelt (wodurch auch für Vögel gefährliche Aflatoxine entstehen können).
Trotz aller Vorsichtsmaßnahmen sollte ein Futterhaus etwa einmal pro Monat gründlich gereinigt, also ausgekratzt und gegebenenfalls auch ausgewaschen werden, bei starker Verschmutzung auch mit heißem Wasser. Desinfektionsmittel sollten vermieden werden, da sie Vogelfutter verunreinigen können. Manche Futtermittelanbieter stellen für die fachgerechte Pflege von Futterstellen auch Hygiene-Sets bereit[57].
Und nochmals: Viele Verschmutzungen lassen sich durch die Einrichtung mehrerer Futterstellen oder zusätzliche Futtersilos statt kleiner enger Futterhäuschen weitgehend vermeiden.

Blaumeise an nettem, aber wenig zweckdienlichem Futterhaus – solche Konstrukte sind kaum zu befüllen, geschweige denn gut zu reinigen.

KRANKE ODER TOTE VÖGEL – WAS TUN?

In manchen Ratgebern liest man, dass schon beim Auftreten eines toten Vogels an einem Futterplatz die Futterstelle sofort geschlossen werden sollte. Das ist absoluter Unsinn und könnte u. U. Hunderte Vögel, die sich auf einen Futterplatz eingestellt haben, in Hungersnot bringen. Wir sollten vielmehr schrittweise vorgehen – nämlich von grundsätzlichen Erwägungen über sorgfältige Beobachtung, möglichst genaue Diagnose zu angemessenen Maßnahmen. Zunächst einige grundsätzliche Überlegungen. Da Kleinvögel wie Meisen, Finken, Rotkehlchen usw. im Mittel nur etwa eineinhalb Jahre alt werden und von jedem Brutpaar bis zur nächsten Brutsaison einer der Partner wegfällt ist klar: Wenn zu einer Futterstelle Hunderte Besucher kommen, sind darunter viele Todeskandidaten, die nicht nur Fressfeinden zum Opfer fallen, sondern auch krank sein können durch Parasiten, Verletzungen oder einfach altersschwach. Auch wenn die meisten davon in Verstecken, an Schlafplätzen usw. verenden, sind natürlich auch immer wieder tote Individuen an Futterstellen zu erwarten von denen, die sie nutzen, so lange sie können. Deshalb sind einzelne tote Vögel an Futterplätzen normal – sorgfältige Beobachtung ist geboten, wenn Todesfälle vermehrt auftreten.

Ein gelegentlicher toter Vogel auf dem Balkon oder der Terrasse ist häufig das Opfer vom Anflug an eine Glasscheibe. Hört man öfter Vögel gegen Glasscheiben prallen, dann sollte man die Scheiben durch Vorhängen von Netzen, Abdecken mit Zweigen usw. besser sichtbar machen oder die Futterstelle an einen anderen Ort verlegen. Gegenwärtig werden in verschiedenen Instituten Fensterscheiben getestet, die eine für Vögel sichtbare, für uns jedoch unsichtbare abweisende Musterung im UV-Lichtbereich besitzen und Scheibenanflüge verhindern sollen. Für vogelfreundliche Neu- und Umbauten ist zu empfehlen, die von der Schweizerischen Vogelwarte Sempach herausgegebene Broschüre „Vogelfreundliches Bauen mit Glas und Licht" (Schmid u. a. 2012[204]) zu Rate zu ziehen. Scheibenanflug-Opfer erkennt man leicht an eingedrücktem Vorderschädel, Schnabelbluten oder verschiebbarem Oberschnabel. Klarheit über die Todesursachen erhält man von tierärztlichen Untersuchungsanstalten (zu erfragen beim Staatlichen Veterinäramt).

Gelegentlich tauchen offensichtlich kranke Vögel an Futterstellen auf. Lassen sie einen Flügel hängen, spricht das für eine Verletzung, z. B. durch eine Katze. Innere Krankheiten, v. a. der Befall mit Parasiten oder Infektionen, drücken

Dem „Glastod" – durch Anfliegen an Scheiben – fallen auch bei uns Millionen Vögel zum Opfer. Im Bereich von Futterstellen ist daher entsprechend vorzubeugen.

sich meist aus durch aufgeplustertes Gefieder und kugelige Gestalt (was allerdings auch nur dem Warmhalten dienen kann), abstehende Flügel, langsame Bewegungen (kurze Hüpfer), reduziertes Fluchtverhalten und häufige Flüssigkeitsaufnahme. Für dieses Erscheinungsbild kommen viele Ursachen infrage, v.a. Kokzidiose, Salmonellose, Kolibazillose, Bandwurmbefall, aber auch Altersschwäche.
Schon diese kurze – unvollständige - Auflistung zeigt, dass ein relativ einheitliches Krankheitsbild ganz verschiedene Ursachen haben kann. Einige davon können auch vom Futterplatz stammen (Salmonellen, Kolibakterien, z.T. Kokzidien), viele aber benötigen andere Befallswege, wie z.B. bei Bandwurmbefall Zwischenwirte wie Käfer. Deshalb wäre es falsch, bei Auftreten weniger kranker Vögel eine Futterstelle zu schließen. Hat man Glück, verschwinden einzelne kranke Vögel alsbald wieder – z.B., weil sie der Sperber gefangen hat. Lässt sich ein kranker, geschwächter Vogel mit der Hand ergreifen (am besten mit Schutzhandschuhen), kann man ihn von einem fachkundigen Tierarzt untersuchen lassen. Fallen tote Vögel öfter oder vermehrt an – was zum Glück sehr selten der Fall ist –, sollte das Staatliche Veterinäramt eingeschaltet werden, um danach, eventuell nach dessen Vorschlägen, geeignete Maßnahmen vorzunehmen.
Liegt tatsächlich eine Salmonellose vor, wird nach derzeitig üblicher Praxis eine Futterstelle für mehrere Tage geschlossen, altes Futter wird entsorgt, Futterspender werden desinfiziert oder ausgetauscht, und der Boden im Futterstellenbereich wird am besten umgegraben oder zur Desinfektion gekalkt. Danach kann man die Futterstelle wieder in Betrieb nehmen, unter Beobachtung im Hinblick auf eventuelle Rückfälle. Untersuchungen der letzten Jahre zeigen, dass Vögel an Futterstellen durchaus als Salmonellen-Überträger in Frage kommen[131], aber nicht mit hohem Gefährdungspotenzial für Menschen[193], sodass normale Hygienemaßnahmen ausreichen.

SONDERFALL: GRÜNLING

2005 kam es in Großbritannien zu einem Grünlingssterben durch Infektion mit Trichomonaden (Geißeltierchen, einzelligen Parasiten), die häufig Wellensittiche, Tauben u.a. befallen, Schwellungen im Kropfbereich hervorrufen und zum Tod führen können (Infoblatt Vetsuisse-Fakultät Univ. Zürich). Die Trichomonadose (Trichomoniasis) hat 2008 Skandinavien und 2009 auch Deutschland erreicht.

In Großbritannien fielen der Epidemie von den vier Millionen dort lebenden Grünlingen über eine halbe Million zum Opfer, in Finnland, Schweden und Österreich rund die Hälfte der Population und in Deutschland bisher wohl über 100 000. Die Erreger – Trichomonas gallinae – sind in aller Welt verbreitet vor allem bei Hühner- und Entenvögeln, bei denen sie wenig Verluste hervorrufen, während Tauben, Greifvögel und Eulen bei Befall stärker erkranken, ebenso Sperlingsvögel, wenn sie gelegentlich infiziert werden (Übersicht in Amin u. a.[7]). Neben Grünlingen sind bisweilen auch Buchfinken und weitere Körnerfresser betroffen, nicht jedoch Sperlinge, Meisen und viele andere Arten. Warum Grünlinge besonders anfällig sind, ist unbekannt. Während ihr Bestand in den letzten Jahrzehnten eher rückläufig ist[199], nahmen sie davor z. T. stark zu und sind dabei möglicherweise wenig mit Trichomonaden in Berührung gekommen, sodass sie nicht ausreichend Abwehrkräfte entwickeln konnten.

Inzwischen klingt die Infektion stark ab und hat selbst in England keinen Bestandseinbruch verursacht[189, 219]. Für Deutschland gibt der NABU 2010 „Entwarnung“: „... trotz der Seuche ist die Zahl der hier gemeldeten Grünfinken stabil geblieben“[163].

Die Übertragung der Geißeltierchen erfolgt durch Schnäbeln (gegenseitiges Füttern, Picken bei Streit usw.) und über Trinkwasser, in dem sich die Parasiten etwa einen Tag lang halten. Daraus ergibt sich: Auch wenn an einer Futterstelle tote Grünlinge anfallen, sollte sie nicht stillgelegt werden, wohl aber die Tränke.

Das Füttern einzustellen wäre aus fünf Gründen schädlich:

1. infizieren sich selbst Grünlinge am wenigsten über die Futteraufnahme,
2. hätten viele Vögel, die gegen Trichomonaden immun sind, plötzlich kein Futter mehr,
3. haben infizierte Grünlinge eine umso höhere Überlebenschance, je besser ihr Ernährungszustand ist,
4. gibt es viele Grünlinge, die an Trichomonase nicht ernsthaft erkranken und denen Futterstellen sehr helfen, und
5. infizieren sich Grünlinge aufgrund ihres geselligen Verhaltens auch vielerorts weitab von Futterstellen.

Infizierte Grünlinge sterben oft an Futterstellen, da sie wegen Schluckbeschwerden schlecht Futter aufnehmen können, dadurch Hunger leiden und deshalb am Fressplatz bleiben, um immer wieder zu versuchen, Futter aufzunehmen. Behandlung erkrankter Grünlinge im Freien, z. B. durch Medikamente im Trinkwasser,

Viele Vögel verzehren auch Blütenblätter verschiedener Pflanzen – im Bild ein Grünfink.

scheidet aus, da genaue Dosierung nicht möglich ist.

Zur Abgrenzung: Auch bei gelegentlichen Salmonellen-Infektionen sind meist Finkenvögel betroffen, dann aber eine Reihe von Arten wie Zeisige, Buch-, Bergfinken oder auch Sperlinge[173].

SONDERFALL: AMSEL

Seit 1996 verursacht das aus Afrika eingebrachte, durch Stechmücken übertragene und dem West-Nil-Virus verwandte Usutu-Virus gebietsweise erhebliche Verluste bei Amseln. Sie begannen 1996 in der Toskana, erreichten dann Österreich, löschten dort 2001 fast den Amselbestand in Wien aus und breiteten sich danach in der Schweiz und in Süddeutschland aus[223]. Der fünfte größere Ausbruch[43] machte „ganze Regionen im Dreiländereck von Baden-Württemberg, Hessen und Rheinland-Pfalz nahezu amselfrei“[42] – der Rückgang betrug regional mindestens 80 %, und 2016 war Nordrhein-Westfalen stärker betroffen. Im Gegensatz zu Grünlingen verenden befallene Amseln kaum an Futterstellen, und die infizierten Populationen werden rasch immun. Mit weiteren Ausbrüchen in anderen Regionen ist jedoch zu rechnen.

VOGELGRIPPE

2006 kam es bei uns zu einem Ausbruch einer Vogelgrippe (H5N1), der zu einschneidenden Maßnahmen in der Geflügelhaltung und zu viel – völlig unnötiger – Panik führte. Zum Glück war die Fütterung freilebender Kleinvögel davon kaum betroffen. Das war richtig so, denn: Singvögel sind nur sehr selten mit Vogelgrippe infiziert, und wenn, sterben sie eher rasch, als dass sie als Überträger infrage kommen[44]. Im Falle einer Epidemie reicht es deshalb völlig aus, beim Hantieren an Futterstellen zur Vorsicht Handschuhe zu tragen. Das Schließen von Futterstellen wäre absolut unsinnig, denn gerade Futterplätze können uns in vorzüglicher Weise darüber informieren, *wo* und bei *welchen Arten* regional Vogelgrippeerkrankungen auftreten und vor allem auch wo nicht. Damit ist die Futterstelle ein idealer *Indikator für eine mögliche regionale Verseuchung sowie für Unbedenklichkeit*. Im Falle von Vogelgrippe Vögel weiter zu füttern, empfiehlt deshalb auch der NABU. Wird für Geflügel Stallpflicht verordnet, kann Zufütterung nicht nur für Sperlinge, sondern auch für Wildtauben dringend erforderlich sein[235].

Sehr wahrscheinlich wird aus den für uns nahezu unvorstellbaren Mega-Massengeflügelhaltungen Ostasiens Vogelgrippe immer wieder zu uns vordringen und größere Ausbrüche verursachen – eine neuerliche Epidemie im Winterhalbjahr 2016/2017 (H5N8) spricht dafür. Das sollte uns von der Vogelfütterung jedoch keinesfalls abhalten. Ohne unsere Massentierhaltungen kämen Epidemien wie die heute aggressive Vogelgrippe gar nicht zustande und würden dann auch nicht sekundär durch Übertragung Wildvögel schädigen, die dann wiederum auch Hausgeflügel gefährden können. Vor diesem Hintergrund wäre es grob unbillig, durch Einstellen von Fütterungen unsere Wildvögel ausbaden zu lassen, was wir zunächst durch nicht artgemäße Tierhaltung verursacht haben. Das gilt umso mehr, als man sich vor Vogelgrippe durch einfache Hygienemaßnahmen (Handschuhe, eventuell Mund- und Nasenschutz, gründliches Händewaschen) ausreichend schützen kann. Denken wir daran: Ein größeres Schreckgespenst als eine Vogelgrippewelle wäre ein Frühjahr ohne Vogelgesang – für viele von uns unerträglich.

RECHTLICHE GRUNDLAGEN DER WILDVOGELFÜTTERUNG

Immer wieder erregen Vogelfreunde durch Zufüttern die Gemüter von Vermietern, Mitbewohnern oder Nachbarn, die sich durch viele Vögel, deren Kot, Futterabfälle oder durch angelockte Tauben, Ratten u. a. belästigt fühlen. Oft gibt es dann Streit bis hin zu Kündigungen, und vielfach herrscht Ratlosigkeit. Hier einige grundsätzliche Anmerkungen: Wer Haus- oder Gartenbesitzer ist, darf auf seinem Grundstück Wildvögel füttern – auch rund ums Jahr und auch Wild- und sogar Straßentauben, sofern in der Gemeinde kein Taubenfütterungsverbot besteht. Dasselbe gilt auch für Krähenvögel, da sie zu den inzwischen geschützten Singvögeln gehören.

Wer eine Eigentumswohnung besitzt oder zur Miete wohnt, sollte sich mit der Hausgemeinschaft bzw. dem Vermieter absprechen. Die Position dafür ist günstig, die Rechtslage eindeutig, da es dazu einschlägige Urteile mit gleichem Grundsatz gibt. Schon vor über 40 Jahren entschied das Amtsgericht Frankfurt (Az.: 33 C 4831/74): Tierliebe gehört zum „vertragsgemäßen Gebrauch“ einer Wohnung oder eines Hauses, was die Fütterung von Singvögeln in der kalten Jahreszeit einschloss. Seit kurzem gibt es ein positives Urteil vom Landgericht Berlin (Az.: 65 S 540/09): Vögel füttern auf dem Balkon ist erlaubt. Begründet wird das Urteil damit, dass Vogelfüttern „sozialadäquat“ und weit verbreitet sei und dass der anfallende Vogelkot keinen vertragswidrigen Zustand herbeiführe, der zu Mietminderung berechtigt, auch wenn Vögel durch Futterstellen erst angelockt werden. Ausgenommen bleibt jedoch das Füttern von Haustauben. Und eine Singvogelfutterstelle kann auch auf einem Balkon verboten werden, wenn sie „zahlreiche Tauben“ anlockt (Amtsgericht München, Az.: 485 C 5977/15 WEG).

Ähnlich positiv, wenn auch etwas mehr einschränkend, wurde kürzlich vom Amtsgericht Frankfurt/Main geurteilt (Az.: 33 C 1922/13): Auch ein Wohnungseigentümer darf auf seinem Balkon eine Vogelfutterstelle einrichten. Allerdings muss er sie so anlegen, dass andere Wohnungseigentümer nicht durch Vogelkot, Federn und Futterreste belästigt werden. Des-

halb muss er sie so aufstellen, dass sie nicht über die Balkonbrüstung hinausragt. Jegliche Belästigungen der unter dieser Wohnung lebenden Nachbarn sind auszuschließen. In dem zuvor genannten Berliner Urteil wurde hingegen ausgeführt, dass „lediglich ganz unverhältnismäßige Verschmutzungen durch Vogelkot" geeignet wären, Maßnahmen zu rechtfertigen.
Wenn auch die Urteile Futterstellen – ausdrücklich auch auf dem Balkon – legitimieren, sollte man im Hinblick auf den Hausfrieden das Anlegen von Futterplätzen vorab absprechen. Ein gutes Einführungsgespräch lässt vielleicht sogar Gleichgesinnte finden, mit denen eine gemeinsame Futterstelle im Hausgarten betrieben werden kann. Zudem sollten getroffene Vereinbarungen mit dem Vermieter oder der Hausgemeinschaft schriftlich fixiert werden.
Schließlich ist noch darauf hinzuweisen, dass das Zufüttern wildlebender Vögel in Feld und Flur, also auf fremdem Grund und Boden, grundsätzlich verboten ist, zumeist auch durch die Landesjagdgesetzgebung. Dennoch: Wer Singvögeln Gutes tun will und in seinem Wohnbereich vor lauter Problemen mit uneinsichtigen Nachbarn oder Vermietern nicht recht glücklich wird, der sei durchaus zu einem gewissen „Guerilla Feeding" im Stadtpark, Wald usw. ermuntert im Sinne des immer populärer werdenden „Guerilla Gardening"[33]. Dabei muss jedoch absolut sichergestellt sein, dass nicht etwa Tauben oder Wasservögel illegal gefüttert werden!

Kein Mittel-, sondern ein junger Buntspecht, u. a. zu erkennen an mehr ausgeprägter Schwarzzeichnung am Kopf

Buchfink-Männchen sucht herabgefallene Futterreste im Schnee – hier wäre eine Bodenfütterung hilfreich!

01

ERGÄNZENDE VOGELSCHUTZMASSNAHMEN

PSYCHOPATHEN-GARTEN ODER ...

Michael Lohmann schrieb 2005[138]: „Ein auf Hochglanz polierter, mit dem Staubsauger gepflegter Garten bietet Vögeln weder Schutz noch Nahrung. Ein Futterhaus wirkt hier wie ein Widerspruch".

Das ist in der Tat so, oder wie ein Rufer in der Wüste, wenn dieses Futterhaus mitten auf einem „Psychopathen"-Rasen platziert ist, also einer heruntergehobelten Grünfläche, auf der von Frühjahr bis Herbst etwa wöchentlich einmal ein wie irre Anmutender hinter einer lärmenden und stinkenden Maschine herläuft, um anschließend das, wovon in Indien oder der Sahelzone ganze Familien mit ihren Ziegen und Hühnern das Jahr über gut leben könnten, in eine Abfalltonne zu stopfen und danach die Grasnarbenplantage mit Kraftdünger und Herbiziden gegen Gänseblümchen und Löwenzahn auf ordnungsgemäßen Wiederaufwuchs zu trimmen, bis zum nächsten Radikalverschnitt. Dabei bietet selbst ein kleiner Garten die Möglichkeit, eine „Oase in der zugepflasterten Zivilisationswüste"[135] zu schaffen, in der Vogelfutterstellen erst so recht ihre optimale Wirkung entfalten können.

02

03

… EIN VOGELFREUNDLICHER GARTEN

Wir hegen und pflegen auf unserem Grundstück im Bodenseebereich von 600 m^2 Fläche (einschließlich Haus) neben allerlei Gemüse bis hin zu Kartoffeln und Kohl über 1000 einheimische *Wildpflanzenarten*, eingestreut zwischen Bäume und Büsche, auf allen Gartenpfaden und natürlich bis in die Gemüsebeete hinein, was die Erträge überhaupt nicht schmälert (Abb. Seite 120 und 121). Ein Meer von Tausenden von Blüten lockt Myriaden von Insekten an und die wiederum in großer Zahl insektenfressende Vögel, so wie später die samentragenden Stauden und Kräuter, die erst im Februar/März abgeräumt werden, ganze Trupps von Stieglitzen, Girlitzen, Gimpeln bis hin zu Weidenmeisen. Von derartig paradiesischen – noch vor etwa 50 Jahren völlig normalen! – Gartenverhältnissen finden Vögel leicht

01 Eine einzige Kriechrose stellt nach zehn Jahren viele Raummeter Versteck und Nistplatz zur Verfügung und erfreut mit einem Blütenmeer.

02 Die wochenlang blühende Wegwarte ist dekorativ und bietet Stieglitzen u. a. Samen über viele Monate bis ins Frühjahr hinein.

03 Kleines Haus in großem Garten – da bleibt viel Platz für die Natur, und noch mehr, wenn man es so weit wie möglich eingrünt.

Zugang zu den an verschiedenen Stellen angebrachten Futtersilos, Meisenknödeln, Erdnuss-Spendern oder zum großen Futterhaus, allesamt ausgerichtet für die ganzjährige Zufütterung.

DIE WICHTIGSTEN MASSNAHMEN

Je strukturreicher ein Garten durch das Nebeneinander aller Vegetationsschichten, also von Bäumen, Sträuchern, Stauden und Kräutern, ist, desto mehr Vogelarten und -individuen kann er anlocken und beherbergen und somit auch Futterstellen finden und nutzen lassen. Aber es muss nicht unbedingt ein Garten sein – auch ein Balkon lässt sich mit üppig grünenden und blühenden Pflanzen in Kästen und Kübeln sommers wie winters als vogelfreundliche Oase gestalten, ebenso ein Dachgarten, Garagen- oder Werkstattdach.

Im vogelfreundlichen Garten bleiben Stauden und samentragende Kräuter, soweit sie nicht Wege versperren, bis ins Frühjahr stehen. Da sie ihre Samen oft erst allmählich bis zum Frühling hin ausstreuen, können sie noch von heimkehrenden Girlitzen, Stieglitzen oder reviergründenden Sumpfmeisen genutzt werden, die sich häufig *wegen dieser Nahrungsquellen* in der Umgebung als Brutvögel niederlassen. Außerdem überwintern in stehengelassenen Pflanzen viele Insekten und Spinnen, die Vögeln begehrte Nahrung liefern.

Dasselbe gilt für Laubstreu und Laubhaufen, die ebenfalls bis ins Frühjahr verbleiben sollten, sowie für einen Komposthaufen, der in jeden vogelfreundlichen Garten gehört. Er bietet nicht nur bedeutsame Abfälle, wie z. B. Eierschalen zur Kalkaufnahme, sondern ist v. a. wegen seiner Dung- und Fruchtfliegen, Regenwürmer, Schnecken und sonstigen Bewohner beliebt.

DIE ATTRAKTIVSTEN GARTENPFLANZEN

An Bäumen muss man im Garten oft übernehmen, was schon steht. Bei Neupflanzung eignen sich z. B. Obstbäume und Ebereschen, die (auch) Vögeln Früchte bieten, Linden, die mit ihren Blüten riesige Mengen an Insekten versorgen, aber auch immergrüne Bäume, die v. a. im Winter Verstecke und Schlafplätze stellen. Bei Sträuchern sollten v. a. einheimische Arten gepflanzt werden, die bevorzugt genutzt werden wie Schwarzer Holunder, Heckenkirsche und Traubenkirsche (sie liefern früh reife Beeren, auch Insekten und Nistplätze), ferner Felsenbirne, Faulbaum, Pfaffenhütchen, Hartriegel und Schneeball (später reifende Früchte). Ein Wacholderstrauch kann weit und breit das einzige Brutpaar Hänflinge oder Klappergrasmücken beherbergen. Wenn es der Platz erlaubt, sind auch Schmetterlingsstrauch, Brombeere, Weißdorn u. a. ideal.

An Beerensträuchern und auf Obstbäumen bleibt ein Teil der Früchte hängen, die – auch als Fallobst – bis weit in den Winter hinein zur Verfügung stehen. Bei Schnee bieten geräumte Flächen unter Bäumen und Sträuchern vielen Vögeln Zugang zu allerlei Fressbarem einschließlich Magensteinchen für die Verdauung.

Wenn möglich, sollten kletternde Pflanzen gesetzt werden wie v. a. Anemonenwaldrebe, Efeu, Kriechrose (Abb. Seite 121), Zaunrübe, Weinrebe, Wilder Wein oder Klettertrompete. Sie bieten gute vor Katzen, Mardern und Sperber geschützte Tagesaufenthalts-, Schlaf- und Nistplätze, günstiges Mikroklima, reiches Insektenvorkommen und v. a. die Efeu-Beeren begehrtes Zusatzfutter vom Winter bis in den Sommer hinein[176]. Dabei ist wichtig zu wissen: Efeu ist eine anerkannte Vogelschutzpflanze, sodass Hausbegrünungen mit Efeu „wegen der Mög-

01

02

03

lichkeit der Naturbeobachtung durch nistende Vögel als Bereicherung" gelten und keinesfalls Mietminderung rechtfertigen (Amtsgericht Köpenick, Az.: 12 C 384/12).

Wichtig sind auch vielerlei Stauden im Hinblick auf Insekten und Samen, hier v. a. Disteln (Acker-, Esels-, Wollkratz-, Kugel-Distel usw.), Karden (besonders die Behaarte Karde wegen ihrer vielen Samen für Stieglitze), Wegwarte (wie vorherige), Engelwurz, Flockenblumen, Mädesüß, Knöteriche, Steinklee, Natternkopf, Königskerzen u. v. a.

Auch Brennnesseln sind wertvoll - für Schmetterlinge, Insekten, aber auch Vögel wie Gimpel, die ihre Samen verzehren. Zudem sollten viele einjährige Kräuter gedeihen, ehemalige Acker-„Unkräuter", die zahlreiche Vögel und Insekten nutzen. Samen sind über Naturgarten-Gärtnereien erhältlich.

Schließlich sollte in einem Vogel-Paradiesgarten die Anwendung von Chemikalien unterbleiben, zumal viele angelockte Vögel die „Schädlings"-Bekämpfung ohnehin übernehmen.

01 *Eine Amsel in üppig fruchtendem Efeu – er sollte in keinem Naturgarten fehlen!*

02 *Hagebutten bleiben oft lange hängen, können aber Seidenschwänze auch noch gegen Winterende anlocken.*

03 *Fruchtende Sonnenblumen im Garten – ein Schlaraffenland für Meisen u. a. für Wochen*

Eine Anemonenwaldrebe – sie bietet Vögeln Verstecke und Nistplätze, und ihr Blütenmeer lockt viele Insekten an, ideal zur Hausbegrünung bis hoch hinauf.

Viele Publikationen informieren inzwischen eingehend über Vogelfutterpflanzen, die sich auch für Hausgärten eignen, so in „Gefiederte Welt" („Futterpflanzen für unsere Gefiederten", in 25 Fortsetzungen bis 2016[147]), Arbeiten über „Das Vogelkräuterjahr"[115], „Distel & Co."[114] oder „Die Kolbenhirse"[73], und viele Details findet man in speziellen Büchern[108, 198, 228]. Die Firma GEVO in Leer bietet Samentüten für „Blumenwiesen im vogelfreundlichen Garten" an.

Wer viele Vögel im Garten ansiedeln will, muss reichlich Nisthilfen anbringen, die heute in vielerlei Form angeboten werden (hier Mustertafel).

AN NISTPLÄTZE DENKEN

Da Futterstellen viele Vögel veranlassen, in deren Nähe zu brüten, sollten reichlich Nistgelegenheiten, v. a. Nistkästen und -steine, angeboten werden, sodass nicht etwa Nistplatzmangel brutwillige Vögel fernhält. Dabei sollte man auch an Sperlings- und Starenbrutplätze im Hausdachbereich, Halbhöhlen für Rotschwänze usw. denken.

Als Richtwert gilt: Ein Garten von etwa 500 m² Fläche sollte, wenn Bäume, Schuppen oder andere Aufhängplätze zur Verfügung stehen, mit zehn bis zu 20 Nistkästen in verschiedenen Bautypen[41] bestückt werden. Dann können Vögel geeignete Kästen aussuchen, ohne Konkurrenzdruck brüten und in großer Zahl den Garten von „Schädlingen" weitgehend freihalten. Am besten im Oktober werden dann alte Nester aus den Nistkästen entfernt. Über die Vielzahl geeigneter Nistkästen und sonstiger Nisthilfen informieren v. a. die Kataloge der führenden Firmen (Schwegler, Vivara) sowie Bücher[186] und Übersichtsarbeiten[41].

Mit wenig Mühe lassen sich auch vorteilhafte Kleinstrukturen herstellen, z. B. Holzstöße oder Reisighaufen, in denen sich Zaunkönig, Rotkehlchen oder Bachstelze ansiedeln können, oder Steinhaufen und Natursteinmauern, die sowohl Nistplätze als auch für viele Vögel wichtige Kleintiere beherbergen.

KANN EIN NATURNAHER GARTEN DAS ZUFÜTTERN ERSETZEN?

An verschiedenen Stellen liest man in etwa, ein naturnaher Garten könne die Fütterung ersetzen. Das schreiben auch Biologen, von denen man ökologisches Grundwissen erwarten würde[215].

Wie unsinnig diese Vorstellung ist, zeigt die einfache Berechnung: Angenommen, es stünden 500 m² für einen naturnahen Garten zur Verfügung, und man würde ihn – für optimale Ausbeute an Vogelfutter – ganz mit Sonnenblumen bepflanzen. Dann ergäbe sich nach landesüblichen Erträgen (von ca. 2500 kg/ha, Statist. Jb. 2007) eine Ernte von 125 kg Sonnenblumenkernen. Die landläufigen naturnahen Gärten von ökologischen Musterbürgern, die wir kennen, brächten es allerdings auf höchstens 10 kg oder etwa 5 kg diverse Wildkräutersamen (was sehr viel ist – man führe einmal in seinem Garten Kontroll-Wägungen durch!). Diese Mengen decken jedoch gerade den Jahresfutterbedarf von etwa drei (!) Grünlingen!

Mit anfallenden Insekten, Spinnen usw. sieht es ähnlich mager aus, und die eventuell in größerem Umfang vorkommenden Früchte und Beeren sind ohnehin nur nährstoffarmes Beifutter, das als alleinige Nahrung keinesfalls ausreicht und meist schon nach wenigen Tagen zum Tod führen würde (Seite 46). Selbst ein riesiger Garten von einem Hektar Fläche oder mehr könnte bei reichhaltiger Vegetation nur eine kleine Anzahl von Vögeln dauerhaft versorgen, wie auch intakte Feldflur.

Also: Wer Vögeln in seinem noch so naturnahen Garten wirklich helfen will, der muss zufüttern – und natürlich das ganze Jahr hindurch!

AKTUELLES ZUR AMBROSIE

Vor wenigen Jahren wurde von sensationslüsternen Medienvertretern eine zu uns vordringende „neue" Pflanze Nordamerikas zum Schreckgespenst aufgebauscht – die Ambrosie (*Ambrosia artemisiifolia*), ein dem Beifuß ähnlicher Korbblütler.

Unbestritten: Die zwar schon vor über 100 Jahren (um 1877) eingeschleppte, aber seit 2005 aus Südeuropa zunehmend zu uns vordringende Ödlandpflanze ist unerwünscht, da sie eines unserer stärksten Pflanzenpollen-Allergene freisetzt, das Juckreiz, Rötungen und Asthma hervorrufen kann. Hauptverbreitungsgebiete, vorwiegend in Süd- und Ostdeutschland, sind Straßenränder, v. a. entlang von Autobahnen

Die Ambrosie ist im wahrsten Sinne des Wortes ein „Grünkraut“: Bis auf die teilweise etwas dunklen Stängel wirkt alles grün, auch die Blüten und Blattunterseiten, die beim verwandten Beifuß graufilzig sind.

und Bundesstraßen, und Industriebrachen sowie Bahn- und Hafenanlagen, auch Neubausiedlungen.

Damit wird auch der Weg zu uns klar: Einschleppung von Samen aus Süd- und Osteuropa durch Fahrzeuge, v. a. beim Transport von Saatgut, und Weiterverteilung durch Erdbewegungen und Mähfahrzeuge der Autobahnmeisterei. Bevor man die Gefahr erkannte, wurden große Mengen von *Ambrosia*-Samen mit Sonnenblumenkernen für die Ölproduktion, in Getreidelieferungen, Hühnerfutter usw. eingeschleppt [2, 3]. Klar, dass z. B. mit Sonnenblumenkernen etwa aus Ungarn auch *Ambrosia*-Samen ins Vogelfutter gelangten und Ambrosien unter Futterhäuschen sprießten. Die Folge: Ihr Vordringen wurde von skrupellosen Schreiberlingen fast ausschließlich den „bösen“ Vogelfütterern angelastet[98]! Dabei hatte die Vogelfutter- wie die Öl- und Saatgut-Industrie umgehend mit rigorosen Reinigungsverfahren reagiert, die nahezu „Ambrosia-frei-Garantie“ bewirken. Der gesetzliche Grenzwert in der Schweiz liegt z. B. unter 0,005 %. Treten heute noch Verunreinigungen auf, dann in den riesigen Futtermittelmengen für die Massenhaltung von Geflügel[80]. Erfreuliches Ergebnis: Unter Futterstellen aufwachsende Traubenkräuter, wie Ambrosien auch heißen, gehören praktisch der Geschichte an. An Autobahnen, auf Industriebrachen usw. breiten sie sich hingegen auch in Baden-Württemberg dermaßen stark aus, dass die Landesanstalt für Umwelt 2015 an einem ersten „Nationalen Ambrosia-Tag“ zu Ausrupfaktionen aufrief.

FAZIT UND AUSBLICK

Nach Lesen dieses Buches sollte klargeworden sein: Unseren Vögeln geht es schlecht, ihre Zukunftsperspektiven sind düster, und generelle Abhilfe ist nicht in Sicht. Noch ist viel zu Wenigen bewusst, dass Artenvielfalt bei wildlebenden Tieren und Pflanzen und damit auch Vogelreichtum Grundlage für unser Dasein und damit unsere Überlebensversicherung sind[33]. Da sich Schäden im Humanbereich durch Verluste an Biodiversität bisher in Grenzen halten und größere Katastrophen noch auf sich warten lassen, ist im amtlichen Naturschutz, also von Staats wegen, nach wie vor Weiterwursteln im Artenschutz angesagt, beseelt von der vagen Hoffnung, es könne ja vielleicht doch noch irgendwie gut gehen, auch wenn das nicht zu erwarten ist. Deswegen ist auch wirklich effizienter und gar vorausschauender Vogelschutz vorläufig weder zu erwarten noch durchsetzbar. Mit einer Ausnahme: dem Zufüttern von Wildvögeln durch vogelfreundliche Bürger, möglichst rund ums Jahr. Außer Frage: Auch flächendeckende Ganzjahresfütterung, bestenfalls in jedem Hausgarten und zudem an vielen Stellen in Feld und Flur, wäre kein Allheilmittel und könnte nicht unsere gesamte Vogelwelt einschließlich Seglern, Schwalben, Lerchen usw. retten. Aber: Mit ihr kann jedermann wie mit keiner anderen Methode ab morgen sehr vielen Individuen vieler Arten nachhaltig helfen. In Kombination mit naturnah gestalteten Gärten könnten Fütterungen bis zu rund der Hälfte der heute noch in unserem Land lebenden Vogelindividuen zum Überleben verhelfen – das sollte Vielen und zunehmend mehr Ansporn sein! Dabei ist zu erwarten: Je mehr zugefüttert und je breiter die Palette angebotenen Futters wird, desto mehr Individuen und auch Arten werden sich an Futterstellen gewöhnen und davon zunehmend profitieren. Zufüttern ist also ein hilfreicher, hoffnungsvoller und sichtlich erfolgreicher Weg, der damit auch ungemein zu begeistern vermag. Kein Wunder, dass Zufüttern inzwischen in vielen Facetten in aller Welt überaus wertvolle Beiträge zum Erhalt vieler Arten leistet, so z. B. durch die Versorgung von Mandschuren-Kranichen oder Seeadlern in Japan, Eulenpapageien in Neuseeland oder Kolibris in den USA, gefährdeten oder wieder angesiedelten Greifvögeln in aller Welt u. a. m. Oder in anderen Gebieten füttert man alles, was kreucht und fleucht, wie z. B. in Teilen Australiens, wo möglichst viele Vögel ums Haus am ehesten auf gefährliche Schlangen aufmerksam machen. Zufüttern wildlebender Vögel ist damit längst weltweit ein überaus wirksames Instrument zum Erhalt der Artenvielfalt und damit für den praktischen Naturschutz für jedermann geworden.

Und Zufüttern ist bei uns noch sehr stark ausbaufähig! In den USA, Australien und Großbritannien füttert rund die Hälfte der Haushal-

Wer regelmäßig füttert, kann durchaus auch mit „Irrgästen" rechnen, wie z. B. mit einer Kappenammer.

te wildlebende Vögel, die meisten ganzjährig, im Mittel etwa 130 g Futter pro Tag[168]. In den USA werden jährlich für Vogelfutter, Futterspender usw. rund 5 Milliarden Euro ausgegeben – also knapp 20 pro Kopf oder 100 Euro pro Fütterer. Dabei werden selbst auf diesem riesigen, relativ dünn besiedelten Kontinent inzwischen mindestens 10 % der gesamten Vogelwelt unterstützt[10]! Die Briten geben etwa 3 Euro pro Person im Jahr aus[88,90], bei uns liegen die Ausgaben nach Schätzungen über den Futtermittelverbrauch (rund 50 000 t) bei etwa einem Euro pro Einwohner und Jahr. Da haben wir also, bis wir die Engländer und erst recht die Amerikaner erreichen werden, noch ein großes Abenteuer vor uns!

Aber das könnte – nach der Entwicklung der Ganzjahresfütterung bei uns in den letzten zehn Jahren zu schließen – durchaus Wirklichkeit werden. Zum einen, weil unsere Vögel in nächster Zeit bedingt durch zunehmenden Nahrungsmangel mehr und mehr unsere Hilfe brauchen werden, und zum anderen, weil sich zunehmend mehr Naturfreunde vom Zufüttern werden begeistern lassen.

Meine Frau und ich, wir verfüttern derzeit im Jahr an vier Großfutterstellen rund 4 t Futter (Fett- und Streufutter, darunter reichlich 15 000 Meisenknödel sowie Mehlwürmer), was einem Wert von etwa 7000 Euro entspricht. Damit können wir in drei kleineren Gemeinden jährlich mehrere tausend Vögel unterstützen. Natürlich ist ein solcher Aufwand für viele nicht zu schaffen. Andererseits: Nicht wenigen gelang es, über die Zuwendung zur Vogelwelt und die Fülle von wunderbaren Beobachtungen und positiven Erlebnissen bedingt durch Zufüttern endlich das Rauchen aufzugeben (Seite 131). Und mit dem dadurch eingesparten Geld lässt sich mancher Vogel versorgen! Oder da viele von uns (einschließlich von uns beiden Autoren) ohnehin zu dick sind, muss die Vogelfütterung vielfach nicht einmal eine große finanzielle Belastung sein, wir können sie nämlich über eine Art *Diät* einrichten: etwas weniger für uns, etwas mehr für die Vögel – was beiden guttut.

Wenn wir uns dabei auch etwas von der Mentalität des heiligen Franziskus zu eigen machen, wird das Füttern nicht nur Freude bereiten, sondern auch ein gutes Gewissen, indem wir den an den Rand unserer „humanen Zivilisation“ gedrängten Mitgeschöpfen etwas von dem zurückgeben, was wir uns mit Raubbau und einem martialischen Einsatz von Energie, Dünger, Umweltgiften u. a. zunächst recht gewissenlos angeeignet haben. Und auf der Basis des vorliegenden Buchs kann man künftig nicht nur mit gutem *Ge*wissen, sondern auch mit bestem Sachwissen zu Werke gehen und alle möglichen eigennützigen Attacken gegen das Füttern leicht parieren. So zum Beispiel auch dem folgenden Argument: Fütterung rund ums Jahr habe auch in England – so hört man gewisse „Pharisäer“ – Artenrückgang nicht verhindert und sei ja dann wohl nutzlos. Wenn schon konsequent: Auch alle unsere Naturschutzverbände haben den Artenrückgang nicht aufhalten können, trotzdem haben wir sie nicht wegen Misserfolg längst wieder aufgelöst. Und das ist auch gut so, denn immerhin haben sie manchen Artenschwund bremsen können, wie dies auch die Fütterung leistet!

Halten wir zum Schluss fest: Wie hier ausführlich dargestellt, hat der Einfluss des Menschen inzwischen selbst früher häufige „Allerwelts“-Vogelarten wie Sperlinge, Stare, Amseln, Grünlinge, Kohlmeisen, Feldlerchen u. a. so stark dezimiert, dass sie aus manchen Gebieten fast oder ganz verschwinden. Diesen Trend werden wir in nächster Zeit nicht generell aufhalten können, aber wir können ihn durch Zufüttern an möglichst vielen Stellen bremsen und teilweise sogar umkehren. Und da derzeit niemand vorhersagen kann, welche Arten bei den gegenwärtigen dramatischen Umweltveränderungen auf der Welt überhaupt überleben werden, sollten wir von der Zufütterung möglichst keine Arten ausschließen, die Ganzjahresfütterung kontinuierlich ausbauen und immer mehr Vogelliebhaber davon begeistern. Dabei ergeben sich spannende „Abenteuer“, etwa wenn aus zunächst wenigen Futterstellenbesuchern über die Jahre Hunderte oder gar Tausende werden. Und dann bleiben atemberaubende Beobachtungen nicht aus, wenn z. B. ganz überraschend ein Mittel- oder Schwarzspecht auftaucht, oder gar ein Kranich (Seite 170), eine Kappenammer[177] oder auch, wie früher nicht selten, ein Auerhahn oder heute ein erster Halsbandsittich, mitten im Winter eine Mönchsgrasmücke oder ein Zilpzalp.

Wenn wir es schaffen würden, in jeder kleineren Landgemeinde ein paar Ganzjahresfütterungen einzurichten, an denen sich jeweils aus der näheren und weiteren Umgebung Hunderte von Meisen, Ammern, Finkenvögeln, Drosseln, Staren, in Notzeiten auch (wie früher) Lerchen sowie kleinere Weichfresser wie Zaunkönig, Goldhähnchen u. v. a. teilweise miternähren könnten, würden unsere Vogelbestände insgesamt wieder deutlich ansteigen. Und ebenso ließen sich natürlich in größeren Gemeinden bis hin zu Großstadtbereichen mit entsprechend vielen Futterstellen bestimmte Vogelpopulationen rasch wieder aufbauen. Und das würde sich auch „rechnen“. In einer sorgfältigen Studie von führenden Meisenforschern wurde gezeigt: Schon drei Kohlmeisen-Brutpaare können mit ihren Bruten auf einem Hektar ökologisch betriebener Apfelbaumanlage 23–49 % der „Schädlings“-Raupen vertilgen[155]! Nachdem wir gesehen haben, wie leicht sich Kohlmeisenbestände durch Zufütterung steigern lassen, eröffnen sich hier auch geradezu ungeahnte Möglichkeiten für den biologisch-dynamischen Obstbau und die Reduktion von Spritzmitteln – und ganz besonders natürlich für jeden Hausgarten! Viele weitere Studien zeigen ähnliche Befunde wie die an Kohlmeisen, etwa wie Zufüttern im Umfeld zur Reduktion von Schädlingen wie Blattläusen führt[167].

EINIGE BEMERKENSWERTE BESPRECHUNGEN …

Zum Abschluss des allgemeinen Teils des Buches, dessen Auflagen allesamt begeistert aufgenommen wurden, noch einige interessante Rezensionen von Fachleuten sowie beherzte Leserzuschriften.

„Als ich dieses Buch in die Hände bekommen habe, habe ich als Erstes gedacht: Endlich, denn ein solches Buch hat auf dem deutschsprachigen Markt wirklich gefehlt, und als ich es durchgelesen hatte, hätte ich mir gewünscht […] dass dieses Buch in millionenfacher Auflage gedruckt und an alle […] Haushalte verteilt würde. Damit wäre dem Vogelschutz in Deutschland mehr gedient als durch noch so ausgefeilte Gesetzgebungen, rote Listen oder Resolutionen der verschiedensten Art.“
(N. Rieder, Zool. Inst. Univ. Karlsruhe, BNA-aktuell 1, 2007)

„Vogelfüttern ist wichtiger denn je, denn die ausgeräumte Zivilisationslandschaft hat selbst häufigen Arten neben anderen Lebensgrundlagen auch die Nahrung weitgehend entzogen […] Nicht nur deshalb ist das Büchlein jedem zu empfehlen, sondern weil dieser kurzgefasste Ratgeber wirklich Biologie unter die Leute bringt.“
(E. Bezzel, Falke 53: 440, 2006)

„Dem wichtigen […] Buch […] ist […] weite Verbreitung […] und Anwendung der höchst kompetenten Empfehlungen zu wünschen.“
(H.-W. Helb, Univ. Kaiserslautern, Polichia-Kurier 23: 62, 2007)

„Befreiungsschlag für Naturfreunde […] Praxiserprobt, optimal, wichtig und umfassend sind die passenden Schlagworte für dieses Buch […] ein Muss.“
(T. Griesohn-Pflieger, Vögel 2: 92, 2007)

„Das bunte Stelldichein am Futterhäuschen ist mehr als eine Augenweide: Es ist heute ein Beitrag zum Artenschutz und zum Erhalt der Artenvielfalt.“
(E. & M. Pfefferle, Natur Regio 2: 24, 2007)

„Selten habe ich ein Buch so intensiv gelesen […] Bereits an diesen kurzen (eigenen) Beobachtungen kann man erkennen, wie wichtig es ist, den Vögeln Zusatzfütterungen zu bieten.“
(J. Stahl, Gefiederte Welt 12: 356, 2007)

… UND ZUSCHRIFTEN

„Ich wollte Ihnen nur kurz für Ihr wunderbares Buch danken. Wir leben hier in einer Großstadt; es fehlen Garten und Balkon. Dafür haben wir genügend Fenster, an die wir Futterstationen angebracht haben. Es ist unglaublich, wer hier mittlerweile alles so vorbeischaut: Meisen,

Grünlinge, Buchfinken, ganze Familien von Stieglitzen, Amseln, Rotkehlchen, Kleiber und sogar […] ein Buntspecht! Es ist eine unglaubliche Freude, die Futterstationen zu beobachten!"
(J. L., Essen)

„Was sind wir Ihnen sehr dankbar für Ihr Update über korrekte Vogelfütterung – ein unverzichtbares Buch, wird sicher in 100 Jahren bei Ebay genauso gehandelt wie ‚Der gesamte Vogelschutz' von Berlepsch!"
(Herzliche Grüße aus Franken, M. & P. D.)

„Zum Nikolaustag bekam ich […] das Buch […] geschenkt. Ich entschied mich […] mit dem Rauchen aufzuhören […] und mit dem gesparten Geld etwas für die Vogelwelt zu tun."
(J. B., Heidelberg)

„Wir haben also beschlossen, auch das ganze Jahr zu füttern. Außerdem lassen wir jetzt ein Stück Wiese ums Haus stehen … haben die Futterstelle auf den Balkon verlegt, wo die Katzen nicht hinkommen. Jetzt gerade sind die Grünfinken und Sperlinge Stammgäste … Die Stieglitze waren Ende April weg … kamen aber … nach der ersten Wiesenmahd der Bauern in der Umgebung … wieder zur Futterstelle … Auch weil ihr bestimmt nicht nur Zustimmung und Unterstützung erfahrt … ist es mir ein Anliegen, euch ganz herzlich Danke zu sagen."
(Herzliche und dankbare Grüße über den See, M. & V. F., CH-Sankt Pelagiberg)

„Die riesigen Spatzenbestände und erstaunlichen Goldammerzuwächse haben sich … stabilisiert. Momentan benötige ich … alle 2 Wochen einen 25 kg-Sack Mischfutter und stiegeweise Haferflocken und Pflanzenöl. Beide Nachbarn sind schon länger von Ihrem Buch „infiziert", was bei einem fast krankhaften Workaholic therapeutisch Wunder bewirkt …"
(Viele Grüße aus dem „Vogelparadies Honigsessen-Süd")

Im Zuge der Klimaerwärmung ist auch an Futterstellen zunehmend mit Exoten zu rechnen wie Sittichen, Kleinpapageien u. a.

„Verfüttert haben wir in einem Jahr 1.400 Meisenknödel … Dazu kommen noch ca. 50 kg Streufutter und 50 kg Erdnüsse … Sowohl die Arten als auch die Anzahl der Vögel hat kontinuierlich zugenommen … so um die 50 Vögel gleichzeitig kommt vor … Vielen Dank nochmals für die Freude, die uns Ihr Buch und die damit verbundenen Anregungen gebracht haben."
(I. L. & U. G.)

VÖGEL AN DER FUTTERSTELLE

— *Arten im Porträt*

VÖGEL AN DER FUTTERSTELLE

Bei uns besuchen rund 100 Vogelarten regelmäßig, gelegentlich oder auch vereinzelt bis ausnahmsweise die Vogelfutterstellen. Um einen Vogel sicher bestimmen zu können, genügt für die meisten Arten ein Merkmal, das im Text kursiv hervorgehoben ist. Reicht ein Merkmal nicht oder kaum aus, wird die einfachste Merkmalkombination genannt, die eine sichere Artbestimmung ermöglicht. Dabei werden durchweg sichtbare Merkmale verwendet und nicht etwa Rufe oder Gesang, da Vögel zumindest an der Winterfütterung zum einen meist recht stumm und zum anderen durch Fensterscheiben hindurch kaum zu hören sind. Zeichnen sich Arten durch ganz besondere Verhaltensmerkmale aus, sind auch sie z. T. mit aufgeführt. Für die einzelnen Artengruppen, vielfach auch für einzelne Arten, werden wesentliche bevorzugte Futtermittel und – wenn erforderlich – auch deren Darbietung vorgestellt.
Die Reihenfolge der Arten beginnt mit häufigen typischen Futterstellenbesuchern und führt über weniger oft erscheinende Vögel bis hin zu Seltenheiten. Bei der Behandlung häufiger oder wichtiger Arten werden mit ihnen verwandte Formen ebenfalls gleich mit beschrieben.

WICHTIGER HINWEIS!

Auch wenn hier und im Folgenden mehrfach Nüsse und Meisenknödel in Säckchen und Netzchen abgebildet sind – besser verwendet man Futtersilos, die nicht verschleppt werden und die Umwelt verunreinigen (Seite 74).

MEISEN

Eine Gruppe kleinerer, sehr lebendiger Vögel, die fast immer auf Nahrungssuche in Bewegung sind, bei uns mit neun Arten vertreten. Sie kommen in allen Lebensräumen vor, die unsere Landschaften bieten – vom Bergwald bis in Sumpfgebiete der Niederungen, wobei sie an Bäume, Sträucher oder Schilfbestände gebunden sind. Sieben Arten leben ständig in unseren Ortschaften oder kommen zumindest z. T. auch dort vor und werden hier näher vorgestellt. Meisen sind Allesfresser, die Sonnenblumenkerne und andere Sämereien (im Winter) sowie Fettfuttermischungen und Erdnüsse (ganzjährig) bevorzugen. Kohl-, Blau- und Sumpfmeise besuchen Futterstellen regelmäßig (bei uns meist mit abnehmender Häufigkeit in der genannten Reihenfolge), gefolgt von der Tannenmeise, wenn ein Zugang über Nadelbäume möglich ist, und der Haubenmeise, die neuerdings z. T. auch in Ortschaften einwandert. Kommt die Schwanzmeise im Gebiet vor, lässt sie sich v. a. mit hochwertigen Fett-Weichfuttermischungen an Futterstellen gewöhnen, die Weidenmeise insbesondere an Futterplätze (mit Sämereien) in der Nähe ihrer speziellen Lebensräume, nämlich der Feuchtgebiete.

Blaumeise

Kohlmeise

KOHLMEISE
— Parus major

In Deutschland die vierthäufigste Vogelart, die praktisch in jedem Ort vorkommt; an vielen Futterstellen die dominierende Art. Unsere größte Meise – kenntlich durch die *gelbe Unterseite mit deutlich schwarzem Bauchstreif* (besonders breit beim Männchen).

BLAUMEISE
— Cyanistes caeruleus

Wie alle übrigen Meisen deutlich kleiner als die Kohlmeise, eindeutig bestimmbar an der *blauen Kappe* und gelblichen Unterseite *ohne deutlichen Bauchstreif.* Diese etwa fünfthäufigste Vogelart in Deutschland kommt oft an Futterstellen. Als geschickter Zweigspitzenkletterer hängt sie gern an Meisenknödeln mit dem Rücken nach unten.

SUMPFMEISE
— Parus palustris

Eine unserer beiden Graumeisen, *graubraun, ohne Gelb und Blau,* mit *glänzend schwarzer Kappe* und kleinem Lätzchen. Sie nimmt an der Futterstelle nicht, wie die Kohl- und Blaumeise, jeweils nur ein Samenkörnchen mit, sondern reiht oft drei bis vier Hanfkörner im Schnabel,

die sie dann als Wintervorrat in Ritzen, Rindenspalten usw. versteckt. Wie das Foto zeigt, lässt sich die Sumpfmeise zum Futterholen auch auf die Hand gewöhnen – so wie auch andere Meisenarten, Rotkehlchen u. a.
Die Zwillingsart, die **Weidenmeise** *(P. montanus)*, unterscheidet sich durch eine matt-schwarze Kappe, einen schmalen, *hellen Flügelfleck* und durch Fehlen eines hellen Flecks im Schnabelansatz.

TANNENMEISE
— Periparus ater

Diese kleine, *graugrüne* Meise ist unverwechselbar durch ihren *weißen Nackenfleck*. Auch sie nimmt von Futterstellen Samen mit, die sie jedoch im Außenbereich dichter Nadelbaumzweige versteckt, wo fast nur sie später wieder nach Nahrung sucht. Sie überrascht an Futterstellen oft durch ihre sehr kurze Fluchtdistanz. Aufgrund ihrer geringen Scheu lässt sie sich beispielsweise in waldnahen Parks zum Futterholen leicht auf die Hand gewöhnen. In Großbritannien erscheint sie an Fütterungen in Trupps von mehr als zehn Individuen und gehört damit zu den zwölf häufigsten Futterstellenbesuchern.

HAUBENMEISE
— Lophophanes cristatus

Eine graubraune Meise mit hervorstechender schwarz-weiß gemusterter *Haube* über dem schwarz umrahmten Gesichtsfeld. Lässt sich wie die Schwanzmeise mit Fettfuttermischungen anlocken, die man in Glocken u. a. in Zwei-

Tannenmeise

Schwanzmeise

Sumpfmeise

Haubenmeise

ge hängt, in Baumrinde streicht usw. Auch sie versteckt Samen ähnlich wie die Sumpfmeise in Rindenspalten.

SCHWANZMEISE
— Aegithalos caudatus

Diese zierliche, schwarz-weiße Meise mit *rötlichem Anflug* an Flanken, Bauch und Oberseite besitzt einen unverwechselbar *langen Schwanz* und wirkt wie ein „Federbällchen mit Stiel" (daher im Volksmund „Pfannenstielchen"). Anlocken siehe Haubenmeise.

GOLDHÄHNCHEN

Die kleinsten europäischen Vogelarten – nur knapp 10 cm lange und reichlich 5 g leichte Winzlinge, die durch ihre meist rastlosen Bewegungen an Meisen und Laubsänger erinnern. Goldhähnchen sind Weichfutterfresser, die auch an Futterstellen kommen, wenn hochwertige Fettfuttermischungen zur Verfügung stehen. Am liebsten nehmen sie kleine Partikel auf, die sie z. B. von Zweigen unter Fettglocken oder Meisenknödeln aufpicken. Zum Anlocken kann man Fettfuttermischungen in Zweige oder Baumrinde o. Ä. streichen.
Die stärker an Nadelbäume gebundenen Wintergoldhähnchen besuchen fast nur Futterstellen in Nadelwaldnähe, Sommergoldhähnchen auch solche in der Nähe von niedrigerer Vegetation, wie z. B. in gebüschreichen Hausgärten. Über Wintergoldhähnchen an der Fütterung berichtet detailliert Hoffmann[110].

SOMMERGOLDHÄHNCHEN
— Regulus ignicapillus

Sommergoldhähnchen

Wintergoldhähnchen

Ein winziger, grünlicher Vogel mit *gelb-orangefarbenem Scheitel,* Flügelbinden und *schwarzen und weißen Augenstreifen.* Einige dieser „Vogelzwerge" überwintern zunehmend bei uns, v. a. in Südwestdeutschland.

WINTERGOLDHÄHNCHEN
— Regulus regulus

Wie das Sommergoldhähnchen, aber mit nur *einem schwarzen Überaugenstreif* und *reingelbem Scheitel.* Häufig bei uns überwinternd, dazu Zuzug weiterer Vögel aus Nordosteuropa, sodass regelmäßiger Futterstellenbesuch den ganzen Winter hindurch möglich ist.

Grünling

Zeisig

Girlitz

Bergfink

FINKENVÖGEL

Eine artenreiche Gruppe von ausgeprägten Körnerfressern, die allerdings in der Brutzeit auch regelmäßig viel tierische Nahrung (Insekten, Spinnen usw.) aufnehmen und verfüttern. Artspezifische Futtermittel werden bei den einzelnen Arten genannt.

Neben den vorgestellten Arten können zumindest in bestimmten Regionen gelegentlich weitere Finkenvogelarten an Futterstellen auftauchen, von denen noch vier erwähnt seien: Der **Birkenzeisig** *(Carduelis flammea)*, selten, aber im ganzen Land umherstreifend, ähnelt mit roter Stirn dem Hänfling, besitzt aber ein schwarzes Kinn. Der in Asien überwinternde **Karmingimpel** *(Carpodacus erythrinus)* kann ebenfalls im ganzen Land auftauchen, an Futterstellen v. a. im Herbst und Frühjahr, und das leuchtend rote Männchen erscheint wie ein kleiner Kreuzschnabel, jedoch mit hänflingartigem kurzem Schnabel. Im Schwarzwald und im Alpenbereich kann der **Zitronenzeisig** *(Carduelis citrinella)* in Siedlungen erscheinen, z. B. an Gasthaustischen auf Freiterrassen usw. Er sieht aus wie ein kleiner Grünling, besitzt aber zwei mattgrüne Flügelbinden. Im Alpenbereich kann der **Schneefink** *(Montifringilla nivalis)* Futterstellen im Bereich von Gebäuden besuchen – er ist unverwechselbar durch große weiße Flügelfelder und sein schwarzes Kinn.

GRÜNLING, GRÜNFINK
— Carduelis chloris

In Deutschland etwa die zehnthäufigste Vogelart und an vielen Futterstellen der dominierende Finkenvogel oder auch Besucher überhaupt. Er wird auch Grünfink genannt. *Matt- bis leuchtend gelbgrün,* mit mehr oder weniger *gelben Flügel- und Schwanzabzeichen.* Verzehrt vorwiegend große und kleinere Sämereien sowie Fettfutter. Im Foto auf einem Meisenknödel, die bei der Ganzjahresfütterung auch im Sommer nie fehlen sollten.

ZEISIG, ERLENZEISIG
— Carduelis spinus

Einer unserer kleinsten Finkenvögel, *gelbgrün*, mit Flügelbinden, *schwarzem Scheitel und Kinn* (Männchen) und *Gelb am Schwanz* (von der Schwanzwurzel her). Weibchen ohne Schwarz am Kopf und mit gestreifter Brust. Vorzugsweise an Meisenknödeln, Fettfutterglocken, nimmt aber auch lose, v. a. kleinere Sämereien auf.

GIRLITZ
— Serinus serinus

Er ist dem Zeisig sehr ähnlich, hat aber ein kurzes *gedrungenes* Schnäbelchen, nicht länglich pfriemförmig wie beim Zeisig, *kein* Gelb am Schwanz, aber *gelben Bürzel*. Bevorzugt kleine und kleinste Sämereien (Waldvogel-, Kanarienfutter).

BERGFINK
— Fringilla montifringilla

Ähnlich dem Buchfink, aber *weißer* (nicht grüner) *Bürzel* und *orangefarbene Schultern*. Kommt im Gegensatz zum Buchfink oft scharenweise auch ins Futterhaus. Mit einem kräftigeren Schnabel ausgestattet als der Buchfink verzehrt der Bergfink auch gern größere Samen wie beispielsweise Sonnenblumenkerne.

BUCHFINK
— Fringilla coelebs

Sperlingsgroßer, bunter Fink, mit *doppelter weißer Flügelbinde*, Männchen mit *blaugrauem*, Weibchen mit *grauem Scheitel*. Obwohl in Deutschland die zweithäufigste Vogelart, tritt er an Futterstellen meist nur in geringer Zahl auf. Nimmt vorzugsweise kleinere Sämereien, Haferflocken usw. vom Boden auf, geht wenig in überdachte Futterhäuser.

Buchfink

KERNBEISSER
— Coccothraustes coccothraustes

Ein bullig wirkender Finkenvogel mit großem, *dreieckigem Schnabel, hellen Flügelfeldern* und *kurzem Schwanz*. Dieser Nahrungsspezialist für steinharte Hainbuchensamen frisst am Futterplatz bevorzugt Sonnenblumenkerne. Hainbuchen im Vogelgarten sind, wenn sie fruchten, das beste Anlockmittel für Kernbeißer.

Kernbeißer

Stieglitz

Hänfling

Gimpel

STIEGLITZ
— *Carduelis carduelis*

Als schwarz-weiß-rot und gelb gefärbter Vogel ist der kleckskuchenbunte „Distelfink" unverkennbar. Hauptkennzeichen sind das *rote Gesicht* und das *breite gelbe Flügelband.* Mit Geduld und Fürsorge in Scharen von bis zu etwa 50 Individuen an Futterplätze zu locken, wie die jahrzehntelangen Erfahrungen in Großbritannien zeigen. Benötigt kleine Sämereien wie Waldvogel- oder Stieglitzfutter, in Großbritannien besucht er ganz überwiegend Futtersilos mit Ramtill (Nigersaat, siehe Seite 82).

HÄNFLING, BLUTHÄNFLING
— *Carduelis cannabina*

Mittelgroßer, lebhafter, inzwischen vielerorts selten gewordener Finkenvogel mit *roter Stirn und Brust* (Männchen, Weibchen ohne Rot), der als Teilzieher weit umherstreift und v. a. im Früh- und ab dem Spätwinter an Bodenfütterungen erscheinen kann. Er bevorzugt kleine Sämereien.

GIMPEL
— *Pyrrhula pyrrhula*

Der große, rundliche „Dompfaff" mit kurzem, dickem Schnabel, *schwarzer Kappe* und *weißem Bürzel* hat entweder eine *karminrote Brust* (Männchen, links) oder eine *bräunlich graue Brust* (Weibchen). Er verzehrt v. a. größere und kleinere Sämereien und ist gut anzulocken mit den lackroten Beeren des Schneeballs, dessen Samen er gern frisst.

BERGHÄNFLING
— *Carduelis flavirostris*

Dieser v. a. in Norwegen brütende Hänfling überwintert bei uns in den Küstenregionen Norddeutschlands und tritt in Scharen auf. Er ist *gelbbraun* gefärbt sowie *schwarz gestreift* und besitzt im Winter einen *gelben Schnabel.* Im Gegensatz zum Hänfling ohne Rot an Stirn und Brust, aber das Männchen mit rötlichem Bürzel. Er verzehrt v. a. gern kleinere Sämereien, die am Boden angeboten werden sollten.

Berghänfling

Fichtenkreuzschnabel

FICHTENKREUZSCHNABEL

— Loxia curvirostra

Hauptmerkmal ist – wie der Name besagt – der *gekreuzte Schnabel* (zum Öffnen von Zapfen, v. a. zum Erreichen von Fichtensamen, seiner Hauptnahrung). Männchen variabel von *scharlach- über mattrot bis gelb- oder graugrün,* Weibchen *olivgrau.* Kommt als extremer Nahrungsspezialist zwar relativ selten an Futterstellen, aber häufig an Hauswände, Mauern etc., um dort aus Verputz, zerfallenden Steinen usw. Kalk aufzunehmen.

ZAUNKÖNIGE

Von dieser Gruppe äußerst lebhafter Vögel, die sich mit ihren kräftigen Beinen und Füßen viel am Boden aufhalten, leben in Nordamerika neun verschiedene Arten, bei uns kommt nur der gewöhnliche Zaunkönig vor.

ZAUNKÖNIG

— Troglodytes troglodytes

Ein ausgesprochener Winzling – gerade mal rund 10 g „schwer" –, der oft wie eine Maus bodennahes Gestrüpp, Wurzelwerk u. Ä. durchstöbert und dabei häufig sein kurzes Schwänzchen stelzt. Er ist *braun,* wirkt rundlich und hat einen relativ *langen, leicht bogenförmigen Schnabel.* Zaunkönigbestände gehen in strengen Wintern oft sehr stark und großräumig zurück. In solch strengen Wintern kann der Zaunkönig an Futterstellen überleben, an die er sich mit Fett- und Weichfutter, lebenden Mehlwürmern u. a. gewöhnen lässt. Dabei sollte man ihm spezielle Futterplätze einrichten (siehe Seite 82), da er nur ungern die Deckung verlässt, um etwa sehr frei stehende Futterhäuser anzufliegen.

Zaunkönig

Haussperling

Heckenbraunelle

Feldsperling

SPERLINGE UND BRAUNELLEN

Unsere beiden Sperlingsarten – der große kräftige Haussperling (ca. 30 g) und der kleinere, zierlicher wirkende Feldsperling (ca. 24 g) – unterscheiden sich nicht nur in Lebensraum, Nistplatzwahl, Verhalten usw., sondern v. a. auch in der Nahrung. Während Haussperlinge häufig größere Sämereien, Getreidekörner und grobe Getreideflocken fressen, hält sich der Feldsperling mit seinem weniger kräftigen Schnabel mehr an kleinere Sämereien und an Fettfutter. Von den Braunellen wird hier auch die Heckenbraunelle vorgestellt, weil sie so sperlingsähnlich aussieht, dass sie oft für einen Spatzen gehalten wird. Wegen dieser Ähnlichkeit trägt sie in Großbritannien auch den Namen „Heckensperling".

HAUSSPERLING

— Passer domesticus

Graubrauner „Spatz" mit braun-schwarz-weiß gemusterten Flügeln, Männchen mit *grauem Scheitel* und *schwarzem Kehl-Brust-Latz* – bis vor einiger Zeit die dritthäufigste Vogelart in Deutschland, jetzt wohl eher etwa auf Platz 5.

HECKENBRAUNELLE

— Prunella modularis

Mehr *bläulich* graue Brust als die Sperlinge und als Hauptmerkmal *dünner, pfriemförmiger Weichfresserschnabel.* Sie kommt häufig an Futterstellen, v. a. auch im Spätwinter, wenn sie als Teilzieher aus dem mehr oder weniger weit entfernten Winterquartier zurückkehrt, meist einzeln oder in kleinen Gruppen. In Großbritannien gehört sie zu den zwölf häufigsten Futterstellenbesuchern. Bevorzugte Nahrung sind kleine Sämereien, Haferflocken, Weichfutter mit Insekten oder auch auf den Boden gefallene Partikel von Fettfutter.

Im alpinen Bereich kann auch die deutlich größere **Alpenbraunelle** *(Prunella collaris)* an Futterstellen auftauchen, die durch eine *gefleckte weiße Kehle* und *rostbraune Flankenstreifen* gekennzeichnet ist.

FELDSPERLING

— Passer montanus

Beide Geschlechter mit *schokoladebraunem Scheitel* und *schwarzem Wangenfleck,* der etwas an Ohrenschützer erinnert. Hängt sich oft an Fettknödel – der Hausspatz bearbeitet sie mehr von seitlichem Sitzen aus.

AMMERN

Von dieser artenreichen Gruppe z. T. sehr bunt gefärbter Vögel ist in Deutschland nur einer ein typischer regelmäßiger Futterstellenbesucher – die Goldammer. Andere Arten tauchen nur gelegentlich bis sehr selten auf, sodass hier nur fünf Arten aufgeführt werden.

Die früher in unseren Feldfluren häufige **Grauammer** *(Emberiza calandra)* besuchte auch regelmäßig Bodenfutterstellen, vorzugsweise in der offenen Landschaft. Wo noch Restbestände vorhanden sind, ließen sie sich nach Erfahrungen in Großbritannien durch Zufütterung u. U. wieder zu lokal stabilen Populationen aufbauen[210]. Die auffallend große Grauammer wirkt wie ein sehr großer Sperling mit bräunlichem, dunkel gestreiftem Gefieder und kurzem, kräftigem Schnabel. Ebenfalls an Bodenfütterungen v. a. im norddeutschen Bereich kann sich gelegentlich die **Schneeammer** *(Calcarius nivalis)* einstellen, die überwiegend weiß (Männchen) oder sehr hell (Weibchen) erscheint, und ebenso die **Spornammer** *(Calcarius lapponicus)*, die der Rohrammer ähnelt, aber im Winterkleid einen wie schmutzig wirkenden Brustfleck und rostbraunen Nacken besitzt. Über eine **Kappenammer** siehe Seite 128.

GOLDAMMER

— Emberiza citrinella

Lang gestreckt wirkender Sperlingsvogel, insgesamt *gelblich, v. a. im Kopfbereich,* weiterhin *rotbrauner Bürzel,* manche Männchen prächtig leuchtend *goldgelb* wie Kanarienvögel. Besucht v. a. Bodenfutterstellen, wie beispielsweise Fasanenschütten, an die man sie mit geeigneter Nahrung teilweise zu Hunderten gewöhnen kann: mit Hafer und Haferflocken, daneben auch mit kleineren Sämereien.

ROHRAMMER

— Emberiza schoeniclus

Wirkt wie ein Sperling mit *schwarzem Kopf* und *schwarzer Kehle* sowie *weißem Hals- und Bartstreif* (Männchen, „Rohrspatz“; Weibchen schlichter, v. a. braungrau gestreift). In Großbritannien recht regelmäßiger Futterstellenbesucher (selbst nach Bestandsrückgang 2001 noch an 8 % der kontrollierten Futterplätze), bei uns recht selten. Am ehesten taucht sie in der Nähe von Feuchtgebieten und auf dem Durchzug auf, meist an Bodenschütten auf der Suche nach kleinen Sämereien.

Goldammer

Rohrammer

SPECHTE

Etwa sperlingsgroße (Kleinspecht) bis krähengroße (Schwarzspecht) Vögel mit schwarzem, schwarz-weißem oder grünlichem Gefieder, vielfach roten Abzeichen und allesamt mit dem typischen langen Spechtschnabel. Von den neun bei uns vorkommenden Arten besucht der Buntspecht ganz regelmäßig Futterstellen (gehört in Großbritannien in die Liste der Top 12[87]), fünf weitere Arten erscheinen dort je nach Lokalität und Gewöhnung in stark wechselndem Umfang. Die sechs bislang bei uns an Futterplätzen beobachteten Arten werden hier vorgestellt.
In Österreich dürfte auch der dort brütende, dem Buntspecht sehr ähnliche **Blutspecht** *(Dendrocopos syriacus)* Futterstellen besuchen, nachdem sich diese Art, Beobachtungen zufolge, in Israel anfüttern ließ.

Buntspecht

BUNTSPECHT

— Dendrocopos major

Etwa amselgroßer, schwarz-weißer Specht, mit *großen weißen Schulterflecken* und *schwarzem Scheitel* sowie *roten Unterschwanzdecken.* Das Männchen besitzt zudem einen *roten Nackenfleck.* Die an Ganzjahresfutterstellen nach dem Flüggewerden häufig erscheinenden Jungvögel haben bis zur Jugendmauser im Sommer einen vollständig roten Scheitel. Der Buntspecht liebt Fettfutter und hängt sich z. B. an Meisenknödel gern mit dem Rücken nach unten an, um aus dieser Stellung zu hacken und zu picken. Er verzehrt auch gern Nüsse aller Art sowie Sonnenblumenkerne, was einem Teil seiner natürlichen Winternahrung entspricht: Nadelbaumsamen. Kiefernzapfen bearbeitet er dazu in einer sogenannten „Spechtschmiede" – beispielsweise einer Astmulde, unter der man ganze Haufen bearbeiteter Zapfen finden kann.

KLEINSPECHT

— Dryobates minor

Dieser nur sperlingsgroße, kleinste heimische Specht ist schon durch seine geringe Größe unverwechselbar. Er ähnelt dem Buntspecht, aber sein Rücken ist schwarz-weiß *gebändert,* und das Männchen hat einen *roten Scheitel.* Diese relativ seltene Art erscheint natürlich nicht oft an Futterstellen, lässt sich aber gut an Fettfutter gewöhnen.
Dasselbe gilt für den fast buntspechtgroßen seltenen **Mittelspecht** *(Dendrocopos medius)*, der hauptsächlich Eichenwälder bewohnt. Er besitzt eine *rote Kappe* wie der junge Buntspecht, die jedoch *nicht schwarz gesäumt* ist. Auch er lässt sich dort, wo er vorkommt, gut an Fettfutterglocken gewöhnen, die zunächst zum Kennenlernen an Baumstämme gehängt werden sollten[140].

GRAUSPECHT

— Picus canus

Ein Fettfutter-Liebhaber wie der Mittelspecht, der leider zurzeit im Bestand stark zurückgeht und damit auch an Futterstellen seltener wird. Etwas größer als der Buntspecht, oberseits *grau-grün,* mit *schwarzem Bartstreif,* das Männchen mit *roter Stirn.*

GRÜNSPECHT

— Picus viridis

Unser häufigster und größter grüner Specht, deutlich größer als der Grau- und etwa um die Hälfte größer als der Buntspecht. Wirkt im Gegensatz zum Grauspecht oberseits richtig *grün,* mit *leuchtend gelbgrünem Bürzel* und *rotem Scheitel,* beim Männchen auch Rot im breiten Bartstreif. Von diesem Nahrungsspezialisten auf Wiesenameisen, die er mit seiner rund 10 cm herausstreckbaren Zunge aus den Bauten holt, wurde oft angenommen, er besuche gar keine Futterstellen[140]. Aber dort wurde er auch in Deutschland beobachtet[124], wo er über Äpfel auf dem Rasen an Fettfutter und Sämereien gewöhnt werden konnte[90].

SCHWARZSPECHT

— Dryocopus martius

Zwar sehr selten, aber immer wieder taucht er da und dort an einer Futterstelle auf, v. a. wenn sie sich nahe am Wald befindet, in dem dieser Specht fast ausschließlich lebt. Der Schwarzspecht ist durch sein Aussehen wie eine „Krähe mit *roter Kopfkappe*", mächtigem Schnabel und hell hervorstechenden Augen unverkennbar. Auch er liebt Fettfutter, z. B. Meisenknödel, die er im Handumdrehen zerfleddern kann (sodass dann kleinere Arten bis hin zu Goldhähnchen von den heruntergefallenen Krümeln profitieren können).

Kleinspecht

Grauspecht

Grünspecht

Amsel

Misteldrossel und Star (links)

DROSSELN

Etwa starengroße, kräftige Vögel mit langem Schwanz, die einen Großteil ihrer Nahrung vom Boden aufnehmen, wie z. B. Regenwürmer. Alle sechs bei uns regelmäßig vorkommenden Arten besuchen, je nach Verbreitung, zumindest Bodenfutterstellen und – bei Gewöhnung – z. T. auch sehr häufig Futterhäuser.

AMSEL

— Turdus merula

Diese in Deutschland häufigste Vogelart kennt fast jedermann, zumal die sehr gut an das Zusammenleben mit dem Menschen angepassten „Stadtamseln" bis ins Innerste unserer Großstädte vorgedrungen sind. Auch in entlegenen und weitgehend menschenleeren Gebieten leben Amseln, die scheueren „Waldamseln". Unverkennbar ist das alte Männchen – *kohlschwarz* mit *gelbem Schnabel* und *Augenring.* Die mehr braun gefärbten, einjährigen Männchen und v. a. die Weibchen mit gefleckter Kehle und Brust werden gelegentlich auch mit anderen Drosseln verwechselt.

Amseln sind robuste Allesfresser, die an Futterstellen gern Haferflocken, Nussbruch, Fettfutter (Meisenknödel!), aber auch Samen und selbst ganze Sonnenblumen- und Maiskörner verschlucken. Zudem sind sie begierig auf Obst (Apfelstücke) als Zusatzfutter. Sie kommen oft zuhauf an Bodenfutterstellen, zwängen sich aber selbst in kleinste Futterhäuser, die sie oft durch seitliche Schnabelbewegungen auf der Suche nach verdeckten Leckerbissen „ausräumen", was anderen Bodenbesuchern wie Finken zugutekommt.

MISTELDROSSEL

— Turdus viscivorus

Diese *größte* heimische Drossel (im Foto zusammen mit einem Star, der klein gegen sie erscheint) wirkt wie eine riesige Singdrossel, ist aber oberseits *grau* und trägt unterseits nicht längliche, sondern *fast kreisrunde* Flecken. Sie kommt v. a. dort vor, wo sie als Teilzieher im Brutgebiet überwintert und bis in Ortschaften siedelt (Großbritannien, norddeutsches Tiefland), auch an Futterstellen, und frisst gern Weichfutter.

SINGDROSSEL

— Turdus philomelos

In Großbritannien als Standvogel regelmäßiger Futterstellenbesucher, bei uns als Zugvogel relativ selten, v. a. bei Spätwintereinbrüchen und

Singdrossel

Ringdrossel

dann besonders in Gebieten, in denen sie zunehmend in Ortschaften siedelt. Sie ähnelt einem kleinen Amselweibchen, hat aber eine *helle, gefleckte Unterseite.* Sie ist ein Allesfresser wie die Amsel, bevorzugt aber mehr Weichfutter, wie z. B. Bienenlarven.
Die sehr ähnliche, ebenfalls kleine **Rotdrossel** *(T. iliacus)* besitzt einen *hellen Augenstreif* und *rostrote Flanken.* Dieser nordische Brutvogel, der z. T. bei uns überwintert, kommt gelegentlich v. a. an Bodenfutterstellen und verzehrt gern Weichfutter und Früchte (Rosinen).

WACHOLDERDROSSEL

— Turdus pilaris

Unsere *bunteste* Drossel, leicht kenntlich an *grauem Kopf und Bürzel* mit *rotbraunem Rücken.* Sie kommt ähnlich wie der Seidenschwanz im Winter größtenteils mit Beeren (auch Hagebutten – also lange hängen lassen, Rosen nicht vor dem Frühjahr zurückschneiden) und Obst zurecht und geht an Bodenfutterstellen fast immer an Apfelstücke, die sie oft verteidigt. Sie braucht aber auch nährstoffreiche Nahrung. Wenn diese in der freien Natur nicht verfügbar ist, nimmt sie an den Futterstellen gern Haferflocken und Nussbruch, jedoch kaum Fettfutter.

RINGDROSSEL

— Turdus torquatus

Die der Amsel sehr ähnliche Ringdrossel trägt auf der Brust einen *weißen* (Männchen) bzw. *braun-weißen* (Weibchen) *Halbmondfleck.* Sie brütet bei uns im Alpenraum und in einigen Mittelgebirgen und besucht Futterstellen v. a. im österreichischen Mühl- und Waldviertel, wo sie z. T. in Hausgärten brütet.

Wacholderdrossel

KLEINE DROSSELVÖGEL

Von der Vielzahl der zu dieser Gruppe gehörenden Arten werden hier diejenigen vier behandelt, von denen eine häufig – das Rotkehlchen –, eine andere zunehmend – der Hausrotschwanz – Futterstellen besucht, während die beiden anderen, nämlich Gartenrotschwanz und Schwarzkehlchen, nur selten an Futterplätze kommen – nicht zuletzt deshalb, weil sie auch insgesamt selten sind.

SCHWARZKEHLCHEN
— Saxicola rubicola

Das entfernt dem Rotkehlchen ähnlich aussehende Schwarzkehlchen (mit *schwarzem Kopf, rostroter Brust* und großem *weißem Halsfleck*) erscheint in Großbritannien z. T. an Futterstellen und könnte bei derzeitiger gebietsweiser Bestandsvergrößerung auch bei uns Futtergast werden.

Hausrotschwanz

HAUSROTSCHWANZ
— Phoenicurus ochruros

Der typische Kleinvogel unserer Hausdächer, in Stadt und Land, der auch gern von Zaunpfählen, Geländern u. Ä. auf Insektenjagd geht. Gefieder *schwarz* (Männchen) oder *schiefergrau* (Weibchen) mit *rostrotem Schwanz,* der ständig *vibriert.* Die bei uns zunehmend überwinternde oder früher heimkehrende Art profitiert v. a. bei Spätwintereinbrüchen von Weich- und Fettfutter, was ihre derzeitige Bestandszunahme begünstigen mag.

ROTKEHLCHEN
— Erithacus rubecula

In Deutschland ungefähr die sechsthäufigste Vogelart, und nach Umfrageergebnissen der bei uns wohl beliebteste Vogel – also eine Art Nationalvogel. Nahezu unverkennbar durch den *orangeroten Kehl-, Brust- und Gesichtsbereich,* allenfalls mit dem Gimpel zu verwechseln, besitzt aber einen viel *dünneren Insektenfresserschnabel.* Ein hungerndes Rotkehlchen im Schnee macht uns im Herzen weh – und ist damit der Auslöser zur Vogelfütterung par excellence (Umschlagbild!). Rotkehlchen profitieren sehr viel von unseren Futterstellen, zumal sie zunehmend bei uns überwintern oder früher im Jahr ins Brutgebiet zurückkehren. Dass sie nach wie vor stabile Bestände aufweisen, geht sicher auch auf ihre regelmäßige Zufütterung zurück. In Großbritannien mit Amsel, Blau- und Kohlmeise auf einem der vordersten Plätze der Top 12 der Futterstellenbesucher und auch bei uns an vielen Futterstellen zugegen. Da Rotkehlchen auch im

Rotkehlchen

Gartenrotschwanz

Winter Reviere vehement gegen Artgenossen verteidigen, erscheinen sie am Futterplatz fast stets einzeln. Wenn man Futtergäste jedoch beringt, zeigt sich, dass oft bis zu fünf oder mehr Rotkehlchen abwechselnd zum Fressen kommen. Es ist ein Allesfresser, der im Winter Weich- und Fettfutter bevorzugt, aber auch Haferflocken, kleinere Sämereien, Nussstückchen u. a. verzehrt. Mit lebenden Mehlwürmern lässt es sich mit Geduld sogar bis auf die Hand oder ins Haus gewöhnen.

GARTENROTSCHWANZ

— Phoenicurus phoenicurus

Ebenfalls mit rotem, ständig vibrierendem Schwanz, aber im Vergleich zum Hausrotschwanz *hellerer, orangebräunlicher Unterseite,* das Männchen zudem mit schwarzem Gesicht und Latz sowie weißer Stirn. Dieser spät (im April/Mai) zurückkehrende Afrika-Überwinterer mit derzeit starkem Bestandsrückgang erscheint v. a. in Schlechtwetterperioden an Ganzjahresfütterungen, um Weichfutter zu fressen.

Kleiber

Gartenbaumläufer

KLEIBER UND BAUMLÄUFER

Von diesen kleinen Baumkletterern ist v. a. der bunte und ruffreudige Kleiber sehr bekannt, zumal er immer wieder durch eine besondere Verhaltensweise verblüfft: durch sein Kopfabwärtsklettern am Stamm. Er schafft das, indem er einen Fuß weiter oben, den anderen weiter unten einhakt und dann abwechselnd einen Fuß nach dem anderen weiter nach unten führt. Dabei bewegt er sich häufig in einem leichten Zickzackkurs. Oft hämmert er auch kopfabwärts hängend z. B. Sonnenblumenkerne auf. Die beiden Zwillingsarten Garten- und Waldbaumläufer klettern fast nur stammaufwärts und fliegen neue Stämme meist tief unten an; falls sie stammabwärts klettern, dann rückwärts mit dem Schwanz voran in kurzem, ruckhaftem Abwärtsgleiten.

KLEIBER
— Sitta europaea

Sperlingsgroßer *untersetzter* Vogel mit *kurzem Schwanz, starkem, spitzem Schnabel, blaugrauem Rücken* und *gelbbrauner Unterseite.* In der Nähe von Wäldern, Parks oder Baumgruppen ein häufiger Futterstellenbesucher (in Großbritannien in der Liste der Top 12[87]), mit großer Vorliebe für Sonnenblumenkerne und Haselnüsse, die er aufzuhacken vermag. Kleiber sind Vorratssammler, die als überwiegende Standvögel an vielen Stellen im Revier, z. B. in Steinmauern oder Rindenspalten, Samen verstecken (sodass etwa aus Schlossmauern Sonnenblumen hervorwachsen können). Der Kleiberspezialist Hans Löhrl beobachtete einmal, wie ein Kleiberpaar an einem Oktobertag 983-mal (!) Samen wegschleppte – häufig zwei Sonnenblumenkerne auf einmal in dem langen Schnabel.

GARTENBAUMLÄUFER
— Certhia brachydactyla

Wie ein winziger Specht, aber mit dünnem Bogenschnabel, oberseits braun gestreift, unterseits hell, mit bräunlichen Flanken. Als Vogel der Gärten, Obstanlagen und Parks kommt er nicht selten in die Nähe von Futterstellen, an die er sich auch mit Fettfuttermischungen – am besten in Baumstammnähe angeboten – gewöhnen lässt.
Der v. a. Gebirgswälder und Nadelwald bewohnende **Waldbaumläufer** *(C. familiaris)* mit *silbrig weißer Unterseite* ohne bräunliche Flanken ist von seiner Zwillingsart am besten an Ruf und Gesang zu unterscheiden. Auch er lässt sich mit Fettfutter an Futterstellen gewöhnen, wenn er sie vom Bergwald aus gut erreichen kann.

RABENVÖGEL

Diese sehr variable Gruppe, die zu den Singvögeln gehört (weswegen heutzutage auch alle Arten geschützt sind!), erscheint bei uns und in Nachbarländern mit bis zu zehn Arten an Futterstellen, wovon allerdings längst nicht alle willkommen sind. Insbesondere Elstern und „Krähen" als Nesträuber kleinerer Singvögel sind oft verhasst, wobei es bei den Krähen jedoch zu differenzieren gilt.

ALPENDOHLE
— Phyrrhocorax graculus

Im Alpenraum begegnet man an Bergstationen, Seilbahnhütten usw. oft einem kleineren Rabenvogel – nur etwa hähergroß – mit *gelbem Schnabel* und *roten Beinen:* der Alpendohle. Dort besucht sie auch häufig Futterstellen, z. T. bis in Tallagen im Alpenvorland.
In Großbritannien erscheint an Futterplätzen auch die bei uns sehr seltene **Alpenkrähe** *(P. pyrrhocorax)* mit gebogenem rotem Schnabel.

EICHELHÄHER
— Garrulus glandarius

Dieser etwa taubengroße Vogel besitzt an seinem rötlich braunen Körper typische *blau-weiße Flügelfelder,* einen *weißen Bürzel* und stellt sein Kopfgefieder oft haubenartig auf. Obwohl er ein typischer Waldvogel ist, gelangt er über Baumgruppen und Einzelbäume nicht selten bis an Futterstellen in Ortschaften (in denen er vereinzelt auch in Nadelbaumgruppen brüten

Alpendohle

Tannenhäher, *siehe Seite 152*

Eichelhäher

kann, z. B. in Friedhöfen). Er nimmt gern gröbere Nahrung auf wie Nüsse, Maiskörner, Sonnenblumenkerne u. Ä. Bei frühzeitiger oder Ganzjahresfütterung kann er sich im Herbst den ganzen Kehlsack mit Futter füllen, das er dann im Erdboden als Vorrat versteckt (wie normalerweise v. a. Eicheln, mit denen er zur Verbreitung von Eichen beiträgt und was ihm seinen Namen eintrug). Ein hervorragend wirksames Anlockmittel für Eichelhäher sind gelb leuchtende Maiskolben.

Rabenkrähe

Elster

TANNENHÄHER
— Nucifraga caryocatactes

In bergigen Gebieten mit Nadelwald, in denen der *braune,* mit *weißen Tüpfeln gemusterte* Tannenhäher (Foto Seite 151) vorkommt, erscheint auch dieser mehr auf Nüsse und Nadelbaumsamen spezialisierte Häher z. T. ganz regelmäßig an Futterstellen. Ist er eingewöhnt, zeigt er weit weniger Scheu als der Eichelhäher und lässt sich Nüsse u. Ä. auch zuwerfen. Mit einer speziellen Schnabelleiste kann er sogar die überaus harten Zirbelnüsse knacken.

Saatkrähe

RABENKRÄHE
— Corvus corone

Diese auch Aaskrähe genannte Art ist landläufig „die Krähe" schlechthin, die im Osten (etwa östlich der Elbe) von der sehr nahe verwandten **Nebelkrähe** *(C. cornix)* vertreten wird. Die Rabenkrähe ist *ganz rabenschwarz* mit schwarzem *kräftigem Schnabel,* die Nebelkrähe hingegen besitzt einen *grauen Rücken und Bauch.* Beide sind Allesfresser, die an Futterstellen nicht gern gesehen werden, zumal sie oft Meisenknödel losreißen oder Fettfutterbrocken aus Behältern hacken.

SAATKRÄHE
— Corvus frugilegus

V. a. in großen Städten wie Berlin, München oder Wien leben im Winter große Schwärme dieser Art, die auch Futterstellen besucht. Sie zieht aus dem Osten – bis aus Sibirien – zu uns und überwintert hier und unterscheidet sich

Dohle

von der Rabenkrähe durch einen *nackten Gesichtsfleck, dünneren Schnabel* und *bläulich schillerndes* schwarzes Gefieder. Die Saatkrähe ist mehr auf vegetarische Nahrung spezialisiert und nimmt an Futterstellen gern Getreide, aber auch Weichfutter auf.

ELSTER

— Pica pica

Unverkennbar durch die *schwarz-weiß scheckige Musterung,* den *langen Schwanz* und *metallischen Glanz* der dunklen Gefiederteile. Wie die Rabenkrähe ist auch die Elster an Futterstellen z. T. wenig beliebt. Da sie wie die Rabenkrähe die menschliche Nähe meidet, erscheint sie wie jene an Futterstellen oft mit Beginn der Morgendämmerung und raubt als „diebische Elster" alles, was nicht „niet- und -nagelfest" ist. Wird sie in dieser Zeit – falls sie nicht beliebt ist – ein paarmal ordentlich erschreckt, bleibt sie danach meist fern.

KOLKRABE

— Corvus corax

Diese prächtigen Gesellen Wotans nehmen nach weitgehender Reduzierung in der Nachkriegszeit derzeit v. a. im Osten, aber auch im Westen wieder zu und lassen sich, wenn im weiteren Gebiet vorkommend, sehr gut an Greifvogel-Futterplätze gewöhnen, an denen Fleisch gereicht wird. Mit Geduld lassen sie sich sogar auf bestimmte Futterplätze und Fütterungszeiten „dressieren", wo sie dann zugeworfenes Futter aufnehmen. Kolkraben sind unsere größten Krähenvögel – etwa um die Hälfte größer als Rabenkrähen – mit *mächtigem Schnabel* und *keilförmigem Schwanz.*

DOHLE

— Coloeus monedula

In Gebieten, in denen diese stark im Bestand zurückgehende Art noch brütet oder im Winter erscheint – oftmals zusammen mit Saatkrähen –, besucht sie auch Futterstellen. Dohlen sind nur etwa hähergroße, also kleine Krähenvögel, mit auffallend *grauem Nacken* und *hellen Augen.* Diese liebenswerten, überwiegend von Insekten, Regenwürmern, Schnecken u. Ä. lebenden Vögel, die uns Konrad Lorenz durch seine Verhaltensstudien vertraut gemacht hat, verzehren an Futterstellen nahezu alles, was wir ihnen bieten, oder sie bedienen sich – wie die oben genannten Krähenarten und die Elster – auch gern am Komposthaufen selbst.

Star

STARE

Von dieser hauptsächlich in Afrika und Asien verbreiteten Gruppe kommen in Europa nur drei Arten vor, von denen unser gewöhnlicher Star ein häufiger Futterstellenbesucher ist.

STAR
— Sturnus vulgaris

Knapp amselgroß, aber im Gegensatz zur Amsel mit *kurzem Schwanz* und *metallisch glänzendem Gefieder,* das je nach Alter und Geschlecht mehr oder weniger *fein gefleckt* ist. In unserer heimischen Vogelwelt ist er etwa die achthäufigste Art.

Dieser Frühjahrskünder, der mit seinem reichhaltigen, von Flügelschlagen begleiteten Gesang für viele ein Sinnbild des kommenden Frühlings ist, besucht sehr gern Futterhäuser und Bodenfütterungen. Bei Spätwintereinbrüchen können Schwärme von über 1000 Individuen an einer einzigen Bodenfutterstelle erscheinen, um dort Haferflocken, Nussstücke, aber auch Sämereien, Fleischkrissel, Obst usw. aufzunehmen. Da der Star zunehmend bei uns überwintert, tauchen im Winter oft große Trupps an Futterplätzen auf. Er geht auch sehr gern an Meisenknödel und anderes Fettfutter, das v. a. Brutvögeln Energie für weite Flüge zur oft schwierigen Beschaffung von Nestlingsnahrung liefert (siehe Seite 100 ff.).

Ein hervorragendes Lockmittel für Stare ist ein Weinstock an der Hauswand oder am Balkon, dessen Früchte großenteils für Stare verbleiben. Gibt es zudem noch Starennistkästen am Haus oder in der Nähe, stellen sich im September/Oktober Stare zur Herbstbalz ein, die dann im Spätwinter oder Frühjahr regelmäßig als Brutvögel wieder auftauchen. Ein neu entwickeltes Futter zur Jungenaufzucht, das im Frühjahr und Sommer angeboten wird, befindet sich z. Z in England im Test. In Großbritannien gehört der Star inzwischen zu den zwölf häufigsten Futterstellenbesuchern.

TAUBEN

Vor Jahrzehnten kamen so gut wie keine Tauben an Futterstellen. Heute hingegen können in manchen Gebieten, wie z. B. dem Ruhrgebiet, bis zu fünf Arten auftauchen: die vom Osten eingewanderte Türkentaube, die in Afrika überwinternde Turteltaube, die zunehmend bei uns überwinternde und in Ortschaften einwandernde Ringeltaube, vereinzelt die Hohltaube und im Bereich von Städten Haustauben.

HAUSTAUBE

— Columba livia f. domestica

Wildfarben – als blaugrauer „Brieftaubentyp" – kann sie einen *weißen Bürzel* und zwei *lange schwarze Flügelbinden* haben. Vielerlei Zuchtformen zeigen jedoch große Schwankungen in Färbung und Zeichnung von Reinweiß oder Schwarz mit Braun-, Creme- und Rottönen. Verwilderte Haustauben sind in vielen Städten zu Problemvögeln geworden und dürfen daher häufig nicht gefüttert werden. Sie müssen deshalb von Fütterungen oft mit geeigneten Maßnahmen ferngehalten werden (siehe Seite 106).

HOHLTAUBE

— Columba oenas

Diese in Wäldern lebende Taube verbleibt neuerdings zunehmend im Winter bei uns und rückt auch in Ortschaften ein, wo sie einzeln oder paarweise an Futterplätzen erscheinen kann. Ähnelt wildfarbener Haustaube, hat aber einen *grauen Bürzel* und nur *kurze schwarze Flügelbinden.*

TÜRKENTAUBE

— Streptopelia decaocto

Eine kleine Taube, *hell graubraun* mit *schwarzem Nackenring* und weiß am Schwanzende. Dieser in Indien beheimatete Standvogel wurde u. a. in der Türkei gehalten und breitete sich von dort ab 1930 nach Westen aus, erreichte in den 1950er-Jahren auch Deutschland und brütet heute in den meisten Gebieten Europas. Durch Domestikation hat sie sich an den Menschen angeschlossen, dringt z. B. in Hühnerfänge ein und ist vielerorts ein häufiger Besucher von Futterstellen[30]. Sie verzehrt Körnerfutter

Haustaube

Türkentaube

Ringeltaube

verschiedenster Art, v. a. kleinere Sämereien. In letzter Zeit gehen bei uns die Bestände aus noch unbekannten Gründen wieder zurück, sodass die Türkentaube inzwischen in vielen Orten wieder fehlt.
In warmen Tieflagen kann vereinzelt auch die gleich große rostbraungefleckte **Turteltaube** (*S. turtur)* an Futterstellen erscheinen, die im Spätsommer wegzieht.

RINGELTAUBE
— *Columba palumbus*

Unsere größte Taube – sie wirkt fast doppelt so groß wie die Türkentaube. Gefieder *blaugrau* mit *weißem Halsfleck* und *weißen Flügelbändern*.
Dieser früher ausschließliche Zugvogel und Waldbewohner entwickelt sich in Tieflagen zunehmend zum Standvogel und verstädtert in vielen Gebieten, bei uns v. a. in Norddeutschland. Gebietsweise können große Trupps an Futterstellen erscheinen, die man mit geeigneten Maßnahmen wie Futtersilos, Absperrgitter o. Ä. (siehe Seite 106) fernhalten kann. Einzelvögel, die nahezu überall am Futterplatz auftauchen können, sind oft eine Bereicherung der Futtergästeschar.

HÜHNERVÖGEL

Von den vielgestaltigen, z. T. farbenprächtigen Hühnervögeln kommen bei uns nur einige Arten an normale, v. a. für Kleinvögel eingerichtete Fütterungen. Das ist in erster Linie der bei uns seit Jahrhunderten eingebürgerte **Fasan** („Jagdfasan"); selten kommen einige weitere ausgebrachte Fasanenarten hinzu: Ausnahmsweise können nach lokalen Aussetzungen in wärmeren Lagen auch Individuen des goldgelben **Goldfasans** *(Chrysolophus pictus)* oder des silbrig hellen **Silberfasans** *(Lophura nycthemera)* auftauchen.
Das früher häufig auch an Futterstellen erschienene Rebhuhn taucht heute nach katastrophalem Bestandsrückgang nur noch an wenigen Futterplätzen auf. Ebenso sind die Zeiten, in denen **Auerhuhn** und **Birkhuhn** Fütterungen etwa im Schwarzwald oder Alpenvorland be-

Seltener Gast an der Futterstelle: Auerhahn

suchten, nahezu vollständig vorbei. In Großbritannien werden von Futterstellen auch **Rothuhn** *(Alectoris rufa)* und **Wachtel** *(Coturnix coturnix)* gemeldet[87, 88]. Fasane werden in der Feldflur häufig von Jägern in speziellen Bodenschüttungen versorgt, an denen sich oft auch viele andere Arten gütlich tun, wie z. B. Häher, Ammern und Lerchen.

FASAN
— *Phasianus colchicus*

Das Männchen wirkt sehr *bunt,* mit *grünem Kopf, roten Hautlappen* („Rosen") *über den Augen* und sehr *langem Schwanz,* das Weibchen von ähnlicher Gestalt, aber schlicht *gelblich braun und gefleckt.* Die meisten Fasanenmännchen besitzen zudem einen *weißen Halsring.* Sie können bei Störungen von Futterstellen wieselflink wegrennen oder laut polternd davonfliegen. An Futterplätzen nehmen sie v. a. Getreide, sehr gern Mais, aber auch Sämereien auf und fressen zudem gern Äpfel.

REBHUHN
— *Perdix perdix*

Dieses früher in fast ganz Europa verbreitete und häufige Feldhuhn fehlt heute in den meisten Regionen ganz oder ist extrem selten geworden. Nur in Gebieten extensiver Landwirtschaft oder nach Ausbürgerungsmaßnahmen kann man mit Rebhühnern an Futterstellen an Ortsrändern oder Gehöften rechnen. Es ist von rundlicher, hühnerkükenähnlicher Gestalt mit kurzem Schwanz. Eindeutige Merkmale sind der *hellrostfarbene Kopf* und beim Männchen ein *schwarzer hufeisenförmiger Brustschild.* Bevorzugt an der Futterstelle kleine Sämereien, wie z. B. Waldvogelfutter, früher Dreschabfälle, und liebt auch Grünzeug, wie z. B. Grünkohl, Brokkoli oder geraspelte Möhren.

Rebhuhn

LERCHEN

Von dieser artenreichen Gruppe v. a. südlicher trockener Gebiete waren in Mitteleuropa nur drei Arten weit verbreitet und häufig, diese haben früher auch regelmäßig Futterstellen besucht: Feld-, Heide- und Haubenlerche. Die Haubenlerche ist inzwischen bei uns weitgehend ausgestorben, die Heidelerche ist in vielen Gebieten ebenfalls verschwunden oder sehr selten geworden, und selbst die früher häufige Feldlerche erleidet derzeit enorme Bestandsverluste (siehe Seite 10).

HEIDELERCHE

— Lullula arborea

Die relativ klein wirkende Heidelerche ist durch einen auffallend *kurzen Stummelschwanz* gekennzeichnet sowie durch ein *schwarz-weißes Abzeichen am Flügelrand.* Auch dieser Teilzieher kann nach Rückkehr aus dem Winterquartier in Notzeiten an Bodenfutterstellen auftauchen, im Gegensatz zur Feldlerche durchaus auch in der Nähe von Waldungen, Baumheiden u. Ä.

FELDLERCHE

— Alauda arvensis

Ein braun gestreifter Bodenvogel, unterseits heller, mit *angedeuteter Haube* und *weißen äußeren Schwanzfedern* – bei uns (noch) unter den häufigeren Vogelarten, aber mit starker Abnahme. Dieser Teilzieher geht v. a. in Notzeiten nach früher Rückkehr aus dem Winterquartier ausschließlich an Bodenfutterstellen, die von offenem Gelände zugänglich sind (z. B. an Ortsrändern, Viehweiden, Gärten in der Feldflur oder an Einzelgehöften) und erscheint praktisch immer in kleineren oder größeren Trupps. Er frisst Haferflocken, kleinere Sämereien, aber auch Getreide.

HAUBENLERCHE

— Galerida cristata

Sie ist plumper und heller als die Feldlerche, besitzt eine *lange spitze Haube* und zudem *gelbbraune Schwanzaußenseiten.* Sie war früher als fast reiner Standvogel überall in Dörfern, Städten, auf Marktplätzen sowie Bahnhöfen unterwegs – kurzum überall da, wo Futter anfiel: v. a. Pferdeäpfel mit den darin enthaltenen Haferresten. Sie kam seinerzeit auch an Futterstellen in Hausgärten oder an Gartenlauben, um dort Getreide und Dreschabfälle zu fressen. Heute kann man bei dieser in Mitteleuropa akut vom Aussterben bedrohten Art nur im Osten gelegentlich noch mit wenigen Individuen an Futterstellen rechnen.

Feldlerche

Haubenlerche

GRASMÜCKEN UND LAUBSÄNGER

Von dieser großen Gruppe mit über 25 in Europa vorkommenden Arten spielen als Futterstellenbesucher bisher nur ganz wenige eine Rolle. Das ist bei diesen überwiegend noch weit in den Süden wegziehenden und lange wegbleibenden Insektenfressern zunächst auch nicht verwunderlich. Aber die Mönchsgrasmücke hat gezeigt, dass sich das im Zuge der globalen Klimaerwärmung sehr schnell und in großem Umfang ändern kann. So hat sie sich durch die Nutzung von Futterstellen in Großbritannien ein völlig neues Winterquartier erschlossen mit einer ganzen Reihe von damit zusammenhängenden Vorteilen (siehe Seite 51), die mit dazu beitragen, dass sie derzeit als einzige mitteleuropäische Grasmückenart stabile bis zunehmende Bestände aufweist[23].
Die ähnliche **Gartengrasmücke** *(S. borin)* – mausfarben graubraun, ohne besondere Abzeichen – kann vereinzelt Ganzjahresfütterungen im Sommerhalbjahr besuchen[124].
Eine ähnliche Entwicklung wie die Mönchsgrasmücke könnte in nächster Zeit der zunehmend bei uns überwinternde Zilpzalp nehmen, von dem v. a. aus Großbritannien Beobachtungen an Futterstellen vorliegen[90].

MÖNCHSGRASMÜCKE

— Sylvia atricapilla

Ein graubrauner „Heckenschlüpfer", das Männchen mit *schwarzer,* das Weibchen mit *brauner Kappe* – bei uns etwa die zehnthäufigste Vogelart. Aus Mitteleuropa in Großbritannien überwinternde Mönchsgrasmücken sind dort inzwischen ganz regelmäßige Futterstellenbesucher, die nach zeitiger Rückkehr von dort auch bei uns zunehmend Futterplätze besuchen, wenn

Mönchsgrasmücke

sie entsprechend eingerichtet sind. Während relativ frei stehende Futterhäuser nur zögerlich besucht werden, können bei Spätwintereinbrüchen Fettfutterspender, die in Hecken und Büschen in Gärten, in kleine Baumgruppen in Parks u. Ä. gehängt werden – also an Plätze, wo sich die Art normalerweise gern aufhält –, regelmäßig von zehn oder mehr Mönchsgrasmücken genutzt werden. Wo die Vögel auch Futterhäuser besuchen, fressen sie Haferflocken, Weichfutter und selbst kleine Sämereien.

ZILPZALP

— Phylloscopus collybita

Dieser zierliche Laubsänger, der wie der Kuckuck seinen Namen nach seinem Gesang trägt, der wie „zilp-zalp …" klingt, ist *oberseits oliv-*

braun, unterseits weißlich mit *schwach gelblichem Anflug* und *schwarzen Beinen* und steht in der Liste der häufigsten Vogelarten bei uns etwa auf Platz sieben. Ein ganz typisches Verhaltensmerkmal sind Zuckbewegungen von Schwanz und Flügeln in kurzen Abständen. Er kommt im Zuge seiner zunehmenden Überwinterung im Brutgebiet sowie früheren Rückkehr aus dem Winterquartier auch bei uns gelegentlich an Futterstellen, v.a. im Spätwinter und Frühjahr. Er kann selbst kaum Fettfutter von Meisenknödeln loshacken, sondern nimmt kleine, am Boden oder im Geäst liegende Partikel auf, im Futterhausbereich auch Weichfutter. Mit zunehmender Klimaerwärmung ist wie bei der Mönchsgrasmücke mit mehr und mehr Futterstellenbesuchern zu rechnen.
Auch die Zwillingsart **Fitis** *(P. trochilus)* mit meist hellbraunen Beinen wurde schon an der Ganzjahresfütterung beobachtet[124].

Zilpzalp

STELZEN UND PIEPER

Durchweg Bodenvögel, vielfach in offenem Gelände, die gelegentlich Futterstellen besuchen, v.a. wenn sie von der freien Landschaft aus direkt zu erreichen sind – aber Ausnahmen sind möglich: siehe Gebirgsstelze. Stelzen haben sehr lange Schwänze, die häufig auf und ab wippen, und sie sind auffallend gemustert, Pieper hingegen sind braun gestreift und ähneln Lerchen, sind aber viel schlanker.

GEBIRGSSTELZE
— Motacilla cinerea

Von der Bachstelze durch die *gelbe Unterseite* und von anderen gelben Stelzenformen durch den *grauen Rücken* unterschieden; von allen Stelzenarten besitzt sie den längsten Schwanz. Dieser Teilzieher überwintert vielfach bei uns und ist im Gegensatz zur „Bach“stelze eng an Bäche und Flüsse gebunden, die sie häufig auch innerhalb von Ortschaften bewohnt. Im Ortsbereich kommt sie gelegentlich auch an Futterstellen, wobei sie selbst kleine Futterhäuschen besuchen kann. Eine Gebirgsstelze hat in Schloss Möggingen, dem Sitz der Vogelwarte Radolfzell, den Winter 1988/1989 über monatelang ein Futterhaus besucht (und dort Weichfutter gefressen, wie wir es für unsere Grasmückenhaltung hergestellt haben[23]) und hat dann im Frühjahr 1989 zusammen mit einem Partner nur etwa 25 m entfernt davon gebrütet.

BACHSTELZE
— Motacilla alba

Schwarze Kappe und *schwarzer Latz, grauer Rücken* und der im Übrigen weiße Körper machen die Bachstelze unverwechselbar. Sie siedelt von der offenen Landschaft bis ins Innere von Großstädten, wo sie auf Hochhäusern brüten kann,

Bachstelze

und besucht gelegentlich Futterstellen, die recht offen liegen, wo sie am Boden Weichfutter, Fettfutter u. Ä. aufnimmt.

Gebirgsstelze

WIESENPIEPER
— Anthus pratensis

Auch dieser Teilzieher, der zunehmend bei uns überwintert, sehr spät weg- und sehr früh heimzieht, kann offen gelegene Futterstellen besuchen, wenn er sie findet. Bei uns ist das der Fall, wenn wir bei Schneefall die Bodenfütterung am Schafstall großflächig frei räumen. Auf derartig aperen Flächen finden sich dann neben Staren, Singdrosseln, Rohrammern, Hausrotschwänzen u. a. immer wieder Wiesenpieper ein, die Weichfutter und kleine Sämereien aufnehmen. Er wirkt wie eine kleine Lerche, mit olivbrauner Ober- und hellerer Unterseite, ist *oben und unten gestreift* und besitzt einen *dünnen Schnabel.*

Der sehr ähnliche **Baumpieper** *(A. trivialis)* mit mehr *gelbbrauner Färbung* und *hellrötlichen* (statt dunklen) *Beinen* kann Ganzjahresfutterstellen besuchen[124].

Wiesenpieper

RALLEN

Die bei uns Futterstellen besuchenden „Sumpfhühner" – Blässhuhn und Teichhuhn – haben, wie der Name irrtümlich vermuten lässt, nichts mit Hühnervögeln zu tun, sondern sind mit den Kranichvögeln verwandt. Ihre rundliche Gestalt erinnert zwar etwas an Hühner, aber ihr Körper ist sehr schmal, wirkt wie seitlich „zusammengedrückt" und ist damit hervorragend geeignet, um durch dichtes Röhricht, Riedgras u. Ä. zu schlüpfen.
In Großbritannien erscheint auch die kleinere langschnäblige **Wasserralle** *(Rallus aquaticus)*, die gebänderte Flanken besitzt, an Futterstellen.

BLÄSSHUHN
— Fulica atra

Schwarz, mit *weißem Stirnschild* (Blesse) und Schnabel, Hinterkörper rundlich mit sehr kurzem Schwanz, wirkt wie schwanzlos. Dieser Schwimmvogel geht oft an Land, z. B. um in Wiesen Gras zu weiden, und kommt im Winterhalbjahr gern an von Ufern nicht weit entfernte Futterstellen, um dort Haferflocken, Körner, Äpfel u. a. aufzunehmen.
Blässhühner sind teilweise sehr aggressiv – sie vertreiben oft Enten und sogar Schwäne – und sind deshalb bisweilen unbeliebt. Ihr regionaler Rückgang rechtfertigt jedoch ihre Fütterung (siehe auch Seite 110 f.).

TEICHHUHN
— Gallinula chloropus

Wirkt graziler als das Blässhuhn, hat einen *roten Schnabel,* einen *weißen Flankenstreif* sowie *weiße Unterschwanzdecken* und einen aufgestellten Schwanz, mit dem es bei Erregung häufig zuckt. Auch dieser Wasser- und Sumpfvogel besucht gern ufernahe Futterstellen, an denen er Haferflocken, Äpfel, Sämereien oder auch Weichfutter verzehrt. In vielen Zoos schmarotzen Teichhühner ganzjährig an den Fütterungen von Wasser-, Hühnervögeln u. a. und besiedeln dafür freiwillig deren Gehege.

Teichhuhn

Blässhuhn

MÖWEN

Ausgesprochen langflügelige Schwimmvögel, die viel und elegant fliegen und segeln, z. B. als Schiffsbegleiter. Die meisten Arten sind hell (weiß-grau) und besitzen schwarze Abzeichen, im Jugendkleid sind Möwen meist dunkler. Bei uns kommen v. a. folgende drei Arten als Futterstellenbesucher infrage. Über das problematische Füttern von Möwen direkt an Gewässern siehe Seite 110.

SILBERMÖWE

— Larus argentatus

Im Bereich unserer Meeresküsten dominiert die Silbermöwe, die fast doppelt so groß wie eine Lachmöwe wirkt. Ihr *Rücken und die Flügel* sind *grau,* Letztere mit *schwarz-weißen Spitzen.* Die Beine sind *fleischfarben,* bei der heute als eigene Art abgetrennten Mittelmeermöwe, die bis weit ins mitteleuropäische Festland hinein vorkommt, hingegen *gelb.* Obwohl die Silbermöwe tierische Nahrung bevorzugt, frisst sie auf Müllplätzen und bisweilen an Futterstellen im Küstenbereich auch vegetabilische Nahrung wie Haferflocken und Körner, ist aber wegen ihrer hohen Nahrungsaufnahme meist unbeliebt.

Lachmöwe

LACHMÖWE

— Larus ridibundus

Eine mittelgroße Möwe und die typische Möwe des Binnenlands. Ganzjährig kennzeichnend ist ein *reinweißer Vorderflügelrand; Beine und Schnabel* sind *rot.* Im Brutkleid ist der *Kopf schokoladenbraun* mit hellem Augenring. Dieser Koloniebrüter streift auch im Winter in Gruppen gesellig umher und besucht dabei gern Futterstellen, z. B. vielerorts in ufernahen Gemeinden des Bodensees. Die Lachmöwe kommt zudem in Städten von Seen und Flüssen aus bis zu Futterhäusern auf Balkone, an denen sie als Allesfresser vielerlei verzehrt, von Haferflocken über Körner bis zu Fett- und Weichfutter.

Sturmmöwe

STURMMÖWE

— Larus canus

Auch diese etwas größere Möwe mit *schwarzweißen Flügelspitzen,* ohne weißen Vorderflügelrand und *grünlich gelber Bein- und Schnabelfärbung* überwintert häufig im Binnenland und kann gelegentlich – meist zusammen mit Lachmöwen – an Futterplätzen auftauchen. Ihr Futterbedarf ähnelt dem der Lachmöwe.

GREIFVÖGEL

Von dieser artenreichen und vielgestaltigen Gruppe, von der in Europa rund 40 Arten vorkommen, spielen an normalen Futterstellen nur wenige eine Rolle, von denen hier sieben kurz vorgestellt werden. Für eine Reihe von Arten, wie z. B. die vom Aussterben bedrohten Bart- und Mönchsgeier und die gebietsweise bedrohten Gänsegeier, werden in bestimmten Bergregionen spezielle Futterplätze angelegt, um Wiedereinbürgerungsaktionen zum Erfolg zu verhelfen (siehe Seite 85).

Alle Greifvögel – früher diskriminierend Raubvögel genannt – besitzen einen typischen Hakenschnabel (einen nach unten gebogenen spitzen Oberschnabel), der zusammen mit Greiffüßen (Zehen mit dolchartigen Krallen, daher der Name) zum Festhalten von Beute dient.

V. a. in Norddeutschland – in sehr strengen Wintern auch bis nach Süddeutschland – kann der im nördlichen Skandinavien brütende **Raufußbussard** *(Buteo lagopus)* Futterplätze aufsuchen. Er zeichnet sich außer durch seine bis zu den Zehen befiederten Beine (Name!) v. a. durch einen *weiß(lich)en Schwanz mit breiter, dunkler Endbinde* aus.

KORNWEIHE
— Circus cyaneus

Ein Teilzieher, der bei uns v. a. im Winterhalbjahr zu beobachten ist, nämlich als Wintergast

Sperber

aus Brutbeständen im Osten und Norden. Die Kornweihe sieht man meistens im bodennahen Ruder- und v. a. Gleitflug mit *v-förmig nach oben gestellten Flügeln*. Bei diesem schlanken Greifvogel, der in der Größe zwischen Sperber und Bussard liegt, besitzen sowohl das *hellgraue* Männchen als auch das *braun gestreifte* Weibchen einen *weißen Bürzelfleck*. Dieser Kleintierjäger kommt immer wieder an offen gelegene Futterstellen, um dort Singvögeln nachzustellen.

SPERBER

— Accipiter nisus

Er taucht an vielen Futterstellen auf – in Großbritannien etwa an der Hälfte aller Gartenfutterplätze. Seine Hauptnahrung sind Kleinvögel, die er im Winterhalbjahr häufig aus den Ansammlungen an Futterstellen zu erbeuten versucht. Dabei spielt er eine wichtige Rolle beim Verzehr kranker und geschädigter Individuen (siehe Seite 109). Meist sieht man ihn nur blitzschnell herbeijagen – und die Kleinvögel davonstieben. Aber bei längerem Beobachten kann man ihn auch sitzen sehen, manchmal sogar im Futterhaus oder auch – auf frisch gemachter Beute – unmittelbar daneben. Dann erkennt man die typischen Merkmale: nur etwa taubengroß, oberseits dunkel, unterseits heller und *eng gebändert* („gesperbert"), beim Männchen mit rostfarbener Tönung, die Augen stechend hell.

Der ebenfalls an Futterplätzen auftauchende und auf Tauben, Eichelhäher, Stare u. a. jagende **Habicht** *(Accipiter gentilis)* sieht einem Sperber sehr ähnlich, ist aber etwa so groß wie ein Bussard.

Turmfalke

TURMFALKE

— Falco tinnunculus

Er ist überwiegend ein Mäusejäger, der aber auch Vögel fängt und v. a. in winterlichen Notzeiten gelegentlich an Futterstellen auftauchen kann, um dort, wenn möglich, Vögel zu erbeuten. Im Gegensatz zum Sperber, der bei ungestümer Jagd im engen Häuserbereich schon Fensterscheiben durchschlagen hat, erscheint der Turmfalke mehr an offenen Futterplätzen, die er meist von oben her bejagt. Er hat die Größe eines Sperbers, aber einen *rotbraunen Rücken* mit dunkler Fleckung (Männchen, mit grauem Schwanz) bzw. Bänderung (Weibchen, mit ebenfalls gebändertem Schwanz).

MÄUSEBUSSARD

— Buteo buteo

Unser häufigster Greifvogel, etwa hühnergroß, von der Gestalt eines kleinen Adlers. Er hat meist eine dunkelbraune Oberseite, ist unterseits heller, dunkel gefleckt bis gebändert, *Schwanz mit schmalen dunklen Bändern*. Bei

Mäusebussard

Rotmilan

sehr variabler Gefiederfärbung kommen auch sehr dunkle und fast weiße Individuen vor. Als Ansitz- oder Wartenjäger sitzt der Bussard oft stundenlang auf einem Baum, Leitungsmast oder Pfahl, um seiner Hauptbeute aufzulauern – Mäusen. Bei geschlossener Schneedecke können nicht weggezogene Individuen dieser teilziehenden Art nach einigen Tagen des Hungerns, das ihnen nicht schadet, in Not geraten und schließlich verenden. Zuvor versuchen sie gelegentlich, an offen gelegenen Futterstellen Kleinvögel zu erbeuten, aber meist nur mit geringem Erfolg. In Notzeiten mit geschlossener Schneedecke lassen sich Mäusebussarde (zusammen mit anderen Fleischfressern) gut an spezielle Futterplätze locken, an denen man derzeit am besten Rinderherz anbietet, u. U. auch Wildbret (siehe Seite 85). An solchen, früher „Luderplätzen" genannten Futterstellen können 20 und mehr Bussarde erscheinen – ein grandioses Erlebnis.

ROTMILAN

— Milvus milvus

Er ist ein rostfarbener Greifvogel, der v. a. auch wegen seines langen, *tief gegabelten Schwanzes* („Gabelweihe") noch größer als ein Bussard wirkt. Dieser Teilzieher kann als Überwinterer oder sehr früher Rückkehrer im Spätwinter wie der Mäusebussard in Not geraten und kommt dann gern an Futterstellen, an denen Fleisch ausgelegt wird.

Auch der noch fast ausschließlich wegziehende **Schwarzmilan** *(M. migrans) – schwärzlich braun,* nur *schwach* gegabelter Schwanz –, der häufig Aas verzehrt, kann an Futterplätzen erscheinen, an denen Fleisch oder Fisch geboten wird. An unseren Storchenfütterungen erscheint er wie der Rotmilan regelmäßig, um tote Eintagsküken zu holen.

Weißstorch

STÖRCHE

Die beiden bei uns vorkommenden Arten – Weiß- und Schwarzstorch – sind bestimmt keine „Futterhaus"-Vögel, aber Fütterung spielt v. a. beim Weißstorch eine große und wichtige Rolle. Deshalb soll er hier miteinbezogen werden.

Auch für den meist sehr heimlich in großen Wäldern lebenden **Schwarzstorch** *(Ciconia nigra)* werden z. T. Nahrungstümpel in Waldbächen angelegt, in denen lebende Fische geboten werden, was aber Spezialisten vorbehalten bleibt.

WEISSSTORCH

— Ciconia ciconia

Freund Adebar – unser (früherer) Kinderbringer – war vor wenigen Jahrzehnten in weiten Teilen seines ehemaligen Verbreitungsgebiets ausgestorben (siehe Seite 52). Durch Wiedereinbürgerung, verbunden mit *intensiver Fütterung,* gelang es, von der Schweiz bis nach Skandinavien eine *semidomestizierte* Population neu aufzubauen, die immer noch viel menschlicher Unterstützung bedarf. So müssen viele der im Winter nicht wegziehenden Vögel gefüttert werden, und ebenso ist vielfach *Zufütterung zur Brutzeit für guten Bruterfolg unerlässlich.* Wer das leugnet (und das tun nicht wenige „Pseudo-Ökologen"), der übersieht, dass die Störche bei uns gerade auch deshalb so dramatisch im Bestand zurückgegangen waren, *weil ihnen die Nahrungsgrundlage verloren gegangen ist* (durch Trockenlegung von Feuchtgebieten, Umwandlung von Wiesen in Äcker u. a.[30]).

Unser unverkennbarer Weißstorch – groß, *weiß, mit Schwarz an den Flügeln* sowie *rotem* Schnabel – lässt sich leicht an Futterplätze gewöhnen und regelmäßig zufüttern. Optimales Nahrungsangebot sind Eintagsküken oder kleine Fische sowie Fischstücke, die man über ausgewiesene Händler bezieht. Bei Vorratshaltung sollte man beachten, dass ein Weißstorch bei einem einzigen Futterstellenbesuch reichlich 20 Eintagsküken im Kropf aufnehmen und zu seinen Jungen schleppen kann!

SELTENE GÄSTE

Im Folgenden werden noch einige Arten kurz vorgestellt, die da und dort und hin und wieder an Futterplätzen entdeckt werden können und dann oft für Aufregung, Begeisterung oder auch große Ratlosigkeit sorgen können. Die Liste der Futterstellenbesucher ist damit aber keineswegs vollständig: Selbst in Großbritannien, wo bis 2005 rund 165 (und bis 2009 175) Arten an Gartenfutterplätzen registriert wurden, kommen noch ständig weitere Arten neu hinzu.

SEIDENSCHWANZ
— Bombycilla garrulus

Dieser Brutvogel der Taigazone der Holarktis – von Skandinavien bis Sibirien und Kanada – erscheint rund alle zehn Jahre als sogenannter Invasionsvogel z. T. massenhaft bei uns in Mitteleuropa. Diese Großinvasionen vermeintlicher „Pestvögel", die seit dem Mittelalter registriert werden, haben ihre Ursache in starker Vermehrung verbunden mit Nahrungsmangel und führen geringere Mengen an Seidenschwänzen auch in zwischen den Großeinflügen liegenden Jahren zu uns[30]. Als Spezialisten für pflanzliche Nahrung (siehe Seite 46) suchen Seidenschwänze bei uns hauptsächlich nach Beeren aller Art, v. a. auch nach Obst, und lassen sich mit entsprechendem Futter (Äpfeln, Rosinen, den lackroten Beeren des Schneeballs) gut an Futterstellen locken, an denen sie oft kaum Scheu zeigen. Sie ähneln in Größe, Gestalt und Flug Staren, sind aber am Körper nicht gefleckt und haben eine *lange Haube* sowie eine *gelbe Schwanzspitze.*

Seidenschwanz

HALSBANDSITTICH
— Psittacula krameri

Im Zuge der globalen Klimaerwärmung, der Ausbildung günstiger Mikroklimata in Großstädten und aufgrund spezieller lokaler Nahrungsangebote ist es inzwischen einigen „Exoten" gelungen, sich bei uns fest zu etablieren. Dazu gehören neben Flamingoarten (z. B. im Zwillbrocker Venn), verschiedenen Enten- und Hühnervögeln v. a. auch rund zehn Papageienarten. Von diesen fast durchweg von entwichenen und ausgesetzten Individuen abstammenden „Neubürgern" ist der Halsbandsittich ein prominenter Vertreter. Er brütet in Europa inzwischen in einigen 10 000 Brutpaaren und ist besonders in Randlagen großer Städte wie Köln, Innsbruck, Wien u. a. augenfällig. Wie auch all die anderen Sittich-, Amazonen- und sonstigen Papageien-Neubürger nutzt er Futterstellen, an denen er Sämereien, Früchte, Haferflocken u. a. verzehrt.

Gelegentlich tauchen entwichene **Wellensittiche** *(Melopsittacus undulatus)*, **Kanarienvögel** *(Serinus canaria)* u. v. a. am Futterplatz auf, die sich meist nur vorübergehend halten.

STOCKENTE

— Anas platyrhynchos

Wer Futterstellen in Wassernähe unterhält, kann oder muss u. U. mit einer ganzen Reihe von Wasservögeln oder Feuchtgebietsbewohnern rechnen. Neben **Höckerschwänen** *(Cygnus olor)*, **Grau-** *(Anser anser)*, **Kanada-** *(Branta canadensis)* und **Streifengans** *(Anser indicus)* sind dies besonders verschiedene Entenarten, von denen die Stockente die häufigste ist. Das Männchen ist hell mit *grünem Kopf* und *weißem Halsring*, das Weibchen braun wie bei anderen Entenarten, aber mit *weißlichem* Schwanz. Enten sind Allesfresser, die an Futterstellen nahezu alles verzehren, was nicht zu groß oder zu hart zum Schlucken ist.

In Großbritannien hat man an Futterplätzen neben dem **Zwergtaucher** *(Tachybaptus ruficollis)* verschiedene Watvögel beobachtet, v. a. **Bekassine** *(Gallinago gallinago)* und **Waldschnepfe** *(Scolopax rusticola)*, die Weichfutter aufnehmen, und an Gartenteichen kann gar nicht selten ein **Graureiher** *(Ardea cinerea)* erscheinen, um z. B. Goldfische zu fangen. Letzteren kann

Wer Fütterungen in Gewässernähe unterhält, kann u. U. mit einer bunten Schar von allerlei „Geflügel" als Gästen rechnen.

Stockente

Halsbandsittich

Der „fliegende Edelstein" Eisvogel ist auch im Sitzen prachtvoll, und in Wassernähe kann man ihm kleine Fische in Tümpeln oder Wannen anbieten.

Waldohreulen können an Futterstellen auftauchen, wenn Mäuse als Beutetiere verfügbar sind.

man ebenso wie die **Rohrdommel** *(Botaurus stellaris)*, die in harten Wintern in große Not geraten kann, mit Fischen – in flachen Behältern angeboten – versorgen, z. T. auch mit Eintagsküken. Auch den **Eisvogel** *(Alcedo atthis)* kann man bisweilen so mit kleinen Fischen füttern. Wie für tagsüber aktive Greifvögel beschrieben, können auch in der Dämmerung jagende Eulen an Futterplätzen erscheinen, um meistens gegen Abend, gelegentlich auch morgens oder selten am Tage Vögeln nachzustellen. Das gilt v. a. für den **Waldkauz** *(Strix aluco)*, der sich zu einem Gutteil von kleineren und größeren Vögeln ernährt. Er hat etwa die Größe einer Ringeltaube, wirkt kräftig und rundlich mit breitem Kopf, hat rot- bis graubraunes Gefieder und große schwarze Augen.

Auch die **Waldohreule** *(Asio otus)* – überwiegend Mäusejäger – fängt besonders in Notzeiten, v. a. bei geschlossener Schneedecke, kleinere Vögel, die z. T. auch in der Nähe von Futterstellen erbeutet werden. Waldohreulen kann man helfen, indem man in der Nähe ihrer Schlafbäume, in denen größere Gruppen von Vögeln zusammensitzen können, Bodenbereiche offenhält und mit Stroh, Dreschabfällen usw. abdeckt, sodass sich dort Mäuse vermehrt aufhalten. Ähnliches gilt auch für die **Schleiereule** *(Tyto alba)*, die noch mehr als die Waldohreule auf Mäuse spezialisiert ist, aber ebenfalls an Futterstellen erscheinen kann (siehe auch Seite 85). Weitere Vogeljäger, die sowohl in Großbritannien als auch bei uns Futterplätze für Sing- und Großvögel aufsuchen können, sind **Steinkauz** *(Athene noctua)*, **Wanderfalke** *(Falco peregrinus)*, **Merlin** *(Falco columbarius)* und **Raubwürger** *(Lanius excubitor)*. Als Raubwürger noch überall häufiger waren, haben sie im Winter ganz regelmäßig Kleinvögel an Futterstellen erbeutet – heute ist das bei den Restbeständen dieser Art, die bei uns noch vorkommen, die große Ausnahme. An mit Fleisch bestückten Futterplätzen kann im Küstenbereich, aber auch an Binnenseen der **Seeadler** *(Haliaeetus albicilla)* auftauchen, im Alpenraum der **Steinadler** *(Aquila chrysaetos)*.

ZUM ABSCHLUSS

Diese kurze amüsante Geschichte zeigt, dass am Vogelfutterplatz in Bezug auf das Auftreten von Kuriositäten nichts unmöglich ist. In der Vogelwarte kommen im Winterhalbjahr fast täglich Anrufe der Art: „Bei mir am Futterhaus war (oder ist) ... Was könnte das (gewesen) sein?" Solch einen Anruf einer älteren Dame erreichte vor etlichen Jahren unseren damaligen Leiter der Beringungszentrale, der mir anschließend davon berichtete, mit der Aufforderung, ich soll mich hinsetzen, damit es mich nicht „umhauen" würde. Die Dame (D): „An meinem Futterhaus ist ein Vogel mit langem Schnabel, grau, und rot auf dem Kopf. Was ist das?" Mein Mitarbeiter (M): „Müsste wohl ein Grauspechtmännchen sein." D: „Kein Specht – Spechte kenne ich." M: „Wenn es kein Grauspecht ist, dann kommt bei uns eigentlich kein anderer Vogel mit derartiger Färbung infrage." D: „Nun hören Sie mal – ich sehe ihn ja vor mir." M: „Hat er denn außer Grau und Rot noch andere Farben?" D: „Ja, ja, am Kopf ist auch noch Schwarz und Weiß." M: „Ah – dann ist es offenbar ein Buntspecht." D (ärgerlich): „Nun hören Sie mal, wollen Sie mich etwa auf den Arm nehmen? Ich sagte Ihnen doch schon: Es ist kein Specht!" M (nach einigem Überlegen): „Wie groß ist denn Ihr kurioser Vogel?" D: „Riesig, so wie ein Storch, oder größer; wissen Sie, der steht neben dem Futterhaus und frisst." M: „Ach du lieber Himmel – und warum haben Sie das nicht gleich gesagt?" D: „Sie haben ja gar nicht nach der Größe gefragt." M (nach einiger innerer Sammlung): „Gut – und wie sieht denn der Schwanz des Vogels aus?" D: „Der ist so buschig, so nach unten, wie bei einem Strauß." M: „Okay, dann ist es offensichtlich ein **Kranich** *(Grus grus)*" ... was dann die weitere Beschreibung ohne jeden Zweifel bestätigte.

Kranich

DIE WICHTIGSTEN NEUIGKEITEN

— rund ums Vögelfüttern

DIE WICHTIGSTEN NEUIGKEITEN

Seit dem Erscheinen der 4. Auflage 2017 hat sich einiges rund ums Vögel füttern getan. Von den Hunderten von Publikationen, die seitdem weltweit zu diesem Thema erschienen sind, werden hier die wichtigsten Neuigkeiten für Sie zusammengefasst und kommentiert.

ZWEI „MEILENSTEIN"-PUBLIKATIONEN

2017 erschien m Ulmer-Verlag ein relativ kleines Buch mit dem „harmlosen" Titel „Vögel füttern im Garten", aber mit dem gewichtigen Untertitel „ganzjährig und naturnah". Und Verfasser war nicht ein simpler schreibfreudiger Gartenfreund, sondern ein prominentes Autorenpaar: Anita und Norbert Schäffer. Er promovierter Biologe, seit Jahren Vorsitzender des Landesbundes für Vogelschutz in Bayern und Chefredakteur der renommierten ornithologischen Zeitschrift „Der Falke", sie hervorragende Fachautorin für Vogelkunde, Natur und Umweltbildung. Wow – dieses Buch war ein Paukenschlag! Das hat auch der bekannte Vogelkundler und Publizist Thomas Krumenacker, der regelmäßig alle aktuellen Fragen zum Vogelschutz behandelt, sofort erkannt und ihm im „Falken" eine sechsseitige Besprechung einschließlich Autoren-Interview gewidmet, deren Einleitung lautet: „Vogelfüttern ja oder nein? Füttern nur im Winter oder das ganze Jahr? Diese Fragen wurden seit Langem kontrovers diskutiert – vor allem Umweltverbände haben über viele Jahre hinweg eine fütterungskritische Linie vertreten. Ein neues Buch von Anita und Norbert Schäffer plädiert für ein entspanntes Verhältnis zur ganzjährigen Fütterung und läutet einen Paradigmenwechsel ein."
Damit wird nun – endlich – über den NABU Bayerns Ganzjahresfütterung in Deutschland auch vonseiten der Naturschutzverbände gesellschaftsfähig. Dass gerade die Schäffers Wegbereiter dieser neuen Entwicklung sind, ist kein Zufall: Beide haben viele Jahre in England im Vogelschutz gearbeitet – Norbert an vorderster Front in Schutzprojekten bei der Royal Society for the Protection of Birds. Dort haben sie v. a. auch hautnah erlebt, wie ganzjährige Fütterung Vögeln helfen kann, was sie nun auch für unser Land propagieren. Buch wie Interview sind höchst empfehlenswert zu lesen, wobei man u. a. simple ökologische Verhältnisse nun auch aus anderer Feder wohltuend serviert bekommt, wie z. B. „ein Tierkadaver ist mit seiner Fettschicht ja im Wesentlichen nichts anderes als eine Art Meisenknödel." Wie wahr – und wenn der Kadaver in früherer Zeit ein Auerochse war, dann konnten sich unsere Vogelvorfahren in ihrer Co-Evolution schon mal auf die heutzutage angebotenen Rindertalg-Knödel einstellen.
Nicht weniger bedeutsam als das beschriebene Buch ist eine 2019 in „Nature Communications" erschienene Arbeit von Plummer et al. über „The composition of British bird communities is associated with long-term garden bird

feeding". In dieser Studie wurde untersucht, wie sich in Großbritannien in den letzten 40 Jahren die Vogelgesellschaften an (meist Ganzjahres-) Futterstellen verändert haben und welche Auswirkungen das auf die Vogelbestände im ganzen Land hat. Und wir erfahren: Mit einem exponentiell angestiegenen und fortlaufend reichhaltiger gewordenen Futterangebot – das heute in Großbritannien fast 200 Millionen Vögeln zugutekommt – hat die Anzahl von Vogelarten, die Futterstellen besuchen, kontinuierlich zugenommen. Diese Zunahme von Artenvielfalt an Futterplätzen bewirkte eine sich allmählich angleichende Häufigkeit der einzelnen Arten. Zwei Drittel der Vogelarten, die Futterstellen aufsuchen, lassen landesweit signifikante Bestandszunahmen erkennen (prominentes Beispiel: der Stieglitz, siehe Seite 50) im Gegensatz zu Arten, die sich nicht zufüttern lassen und unverändert blieben oder abnahmen.

Stieglitze holen gern Samen aus Karden, auch im Garten. Sie bevorzugen die Behaarte Karde (im Bild die Wilde Karde).

Fazit: Ganzjahresfütterung im großen Stil kann die Bestandsentwicklung von Vogelarten landesweit positiv beeinflussen und ist damit *fundamentaler Vogelschutz*! (Anmerkung: Wer die Originalarbeit in Englisch nicht lesen möchte, dem sei eine kompetente Besprechung in „Falke" 2019/7, Seite 5 empfohlen).
Leider können wir in unserem Land – noch – keine derartige Bilanz ziehen. Dafür können sich unsere vielen weiterhin im Bestand abnehmenden Arten auch bei den „vogelfreundlichen" Verbänden bedanken, die das Zufüttern wildlebender Vögel seit Jahrzehnten mit unsinnigen Schwarzmalereien verteufelt haben. Deren Duldung ist aber jetzt endgültig abgelaufen. Wer jetzt noch Winter-, Sommer- oder Ganzjahresfütterung unserer Vogelpopulationen schlechtredet, ist entweder ungebildet, unbelesen, pathologischer Querdenker oder von niederen Beweggründen wie etwa dem Niedermachen von unliebsamen Nachbarn oder Geiz geleitet und muss als nun erwiesener Vogelfeind entsprechend an den Pranger gestellt werden. Im Lichte der neuen Erkenntnisse muss sich z. B. auch der NABU gut überlegen, ob er weiterhin unter seinem Emblem Artikel zulassen will wie „Die Natur ist kein Freiluft-Zoo, Ganzjahresfütterung kein Mittel gegen Vogelschwund", wie immer noch auf der NABU-Webseite zu lesen. Guter Rat: Derartig verkrustete ketzerische Schreibereien rasch ein für allemal aus dem Verband verbannen, bevor vor Mitgliedschaft in einer zumindest teilweise derartig vogelfeindlich-rückständig agierenden Organisation gewarnt werden muss.
Dabei gibt es gerade auch beim NABU höchst erfreuliche neue Ansätze wie etwa jüngst ein Aufruf: „NABU: Tipps zur Artenvielfalt zu-

Der Zilpzalp – auch Weidenlaubsänger genannt, da er häufig wie im Bild auf früh blühenden Weiden Nahrung sucht – holt sich an Futterstellen gern kleinste Fettpartikel.

hause – schon jetzt ran an die Werkbank – Futtergeräte bauen" (Ohde, NABU Niedersachsen, AZ-Vogelinfo 2020). Darin erfährt man u. a.: „Wir erleben eine Renaissance der Winterfütterung … und das ist gut so." Hoffen wir, dass der NABU im Laufe der Zeit unter wünschenswert kompetenter Führung doch noch zu seinen Wurzeln zurückfindet, die ihn einst haben aufleben lassen: Vögel füttern und Nisthilfen bereitstellen – beides heute nötiger denn je und auch als zu seiner Gründerzeit als „Deutscher Bund für Vogelschutz". Beim BUND wird es noch weit mehr an Hoffnung bedürfen, aber auch da sollten wahre Vogelfreunde zunehmend entsprechende Hebel ansetzen.
Wir aber sollten den frischen Wind in unseren Segeln aus den beiden hier vorgestellten Veröffentlichungen nutzen, um unsere Anstrengungen in puncto Zufüttern deutlich zu erhöhen. Zur Erinnerung (siehe Seite 128): Bürger der USA geben jährlich durchschnittlich etwa 100 Euro für Futter für wildlebende Vögel aus, die Briten etwa drei und wir gerade mal rund einen Euro! Wenn wir nun sehen, was die Briten mit ihren drei Euro inzwischen erreicht haben, dann sollte uns das Ansporn genug sein, es ihnen in Bälde zumindest gleichzutun – aber vielleicht schaffen wir ja auch mehr, zumal unsere Vögel in Haus, Hof, Garten, Feld und Wald ein wichtiger Teil unserer Überlebensversicherung sind. Wie wichtig wieder gesunde, individuenreiche Vogelbestände wären, bekommen wir zur Zeit durch zunehmende Kalamitäten schmerzlich vor Augen geführt, bei denen Vögel als Schädlingsbekämpfer inzwischen in großem Umfang fehlen: Borkenkäferbefall, dem ganze riesige Waldflächen zum Opfer fallen, massenhaftes Auftreten von Kirschessigfliegen, die gebietsweise zu enormen Ausfällen bei der Ernte von Kirschen und Weinbeeren führen, Ausbreitung von Zünslern, die regional den gesamten Maisanbau gefährden u. a. m.

NEUE STUDIEN

Wie in der oben behandelten Übersicht für Großbritannien allgemein, ließ sich inzwischen auch nachweisen, dass Futterstellen speziell in Siedlungen inmitten intensiv landwirtschaftlich genutzter Flächen bei vielen Vogelarten die Bestandszahlen anheben und wahrscheinlich die Mortalität reduzieren können (Pierret 2018 Biol Conserv). Bei amerikanischen Winterammern konnte jahrelanger Bestandsrückgang durch Winterfütterung lokal gestoppt und umgekehrt werden durch Reduzierung der Wintersterblichkeit (Spellmeyer 2020 Avian Biol Res). Bei immer mehr Arten trägt artgerechtes Zufüttern zum Erhalt gefährdeter Populationen bei, so etwa beim Wollhalsstorch in Südafrika (Thabethe 2018 Urban Ecosyst). Und Weiß-

störche im brandenburgischen Falkenhagen konnten nach mehrfachem Verenden der Jungvögel infolge Nahrungsmangel erfolgreich brüten, nachdem ihnen über eine spezielle Vorrichtung zweimal täglich Fische direkt im Horst offeriert wurden (dpa).
Unter verschiedenen Gesichtspunkten gewinnen sogenannte Ablenkungsfütterungen an Bedeutung. Mit dem Füttern von Greifvögeln etwa lässt sich der negative Einfluss auf Seevogelkolonien durch Kükenverluste wesentlich verringern (Smart 2018 J Nature Conserv). Und mit Futterstellen in der Feldflur oder der Garrigue, wie etwa in Südfrankreich praktiziert, lassen sich z. B. Rothühner vom Verzehr von mit Chemikalien behandeltem Saatgut abhalten, was sonst ihren Bruterfolg reduziert (Lopez-Antia 2021 Environm Pollution).
Zahlreiche Arbeiten verdeutlichen, dass Zufüttern die Konstitution von Vögeln verbessert sowie ihr Verhalten erleichtert und damit die Lebensqualität verbessert. Amerikanische Indigofinken z. B. gewinnen durch Futterstellen mehr Zeit für andere Aktivitäten wie etwa die Revierverteidigung (McLeod 2018 Avian Biol Res). Im Winter gefütterte Blau- und Weidenmeisen sind schwerer und größer als nicht zugefütterte Individuen (Broggi 2021 Ibis), ebenso erhöht Zufüttern zur Brutzeit bei Trauerschnäppern das Gewicht und reduziert Stress (Ruuskanen 2017 Behav Ecol Sociobiol). Und schließlich verbessert Zufütterung bei Haussperlingnestlingen die Gefiederqualität (Hudin 2017 Ecol Evol).
Wie schon früher dargestellt (Seite 55 ff.) verbessert Zufüttern v. a. bei vielen Arten die Fortpflanzung auf vielerlei Weise. Das zeigen auch wieder neue Arbeiten in Bezug auf Steigerung der Brutaktivität, weniger Nestverluste, höhere Ausfliegerate sowie Verbesserung des Immunsystems im Hinblick auf Parasiten (Doerr 2017 New Zeal J Ecol, Buckley 2018 Wildl Biol, Knutie 2020 J Appl Ecol).
Eine Studie an Blaumeisen (Plummer 2017 Ecol Evol) vermittelt zunächst, dass Winterfütterung den künftigen Fortpflanzungserfolg negativ beeinflusst. Ursache dafür ist jedoch, dass bei Fütterung mehr konstitutionell schwächere Individuen überleben, die geringeren Bruterfolg haben. Bei dem derzeitigen Rückgang von Meisen einschließlich ihres abnehmenden Bruterfolges (z. B. Seite 13) ist jedoch das Überleben möglichst vieler Individuen – durchaus auch schwächerer – das wichtigste Ziel. Außerdem werden künftig Vögel, die relativ wenige Eier legen, bei dem akuten Insektenmangel am ehesten eine Chance haben, Junge erfolgreich aufziehen zu können. Und sicherlich wird demzufolge die künftige Mikroevolution bei vielen Arten sogar auf durchschnittlich kleinere Gelege hinwirken.

Unsere Störche finden oft nur kleine Beutetiere wie Insekten, weil etwa Amphibien selten geworden sind. Da hilft ihnen Zufüttern bei der Aufzucht sehr.

LAND-STADT-GEFÄLLE

Immer mehr Publikationen machen deutlich, dass heutzutage in unseren Städten zwar viele Vogelarten in zum Teil hoher Dichte leben – Städte bisweilen sogar mehr Vogelleben aufweisen als ausgeräumte Landbereiche[33] – aber: Stadtvögel sind in mancherlei Hinsicht schlechter dran als Artgenossen auf dem Lande. Bei den besonders gut untersuchten Haussperlingen zeigt sich: Stadtbewohner sind häufig kleiner und leichter (Hudin 2016 Behav Ecol), können in nahrungsarmen Stadtgebieten allein mit Winterfütterung nicht überleben, sondern benötigen eine Ganzjahresfütterung (Müller 2018 Ornithol Mitt) und haben geringeren Fortpflanzungserfolg, was außer durch Nahrungsmangel möglicherweise auch durch Luftverschmutzung, Schwermetalle und negative Auswirkungen auf das Immunsystem bedingt sein könnte (Peach 2018 Urban Ecosyst).
Auch bei Amseln ist der Gesundheitszustand in der Stadt schlechter als auf dem Lande (Ibanez-Alamo 2018 Biol Lett), und städtische Kohlmeisen bringen weniger Jungvögel zum Schlupf und Ausfliegen als Artgenossen im Walde, wohl bedingt durch Mangel an Insekten (Wawrzyniak 2020 Europ Zool J).
Auch bei Dohlen ist es um die Fortpflanzung in der Stadt schlecht bestellt, weil sie dort oft mit proteinarmen Abfällen Vorlieb nehmen müssen und nur wenige der normalerweise verzehrten Großinsekten vorfinden. Wurde Stadtdohlen proteinhaltiges Futter angeboten, legten sie größere Eier, die eine höhere Schlupfrate aufwiesen, und zudem nahm die Sterblichkeit von Jungvögeln ab (Meyrier 2017 Ecol Evol).

Fazit: Futterstellen in Städten sollten grundsätzlich als Ganzjahresfütterung betrieben werden, damit die dort relativ vielen vorkommenden Vögel möglichst optimal versorgt werden und nicht an Mangelerscheinungen leiden, die sie in der Stadt nur bedingt durch hochwertige natürliche Nahrung ausgleichen können.

Unsere „Kleinkrähen", die Dohlen, sind v. a. in Städten zunehmend auf Futterstellen angewiesen.

ZWEI GROSSPROJEKTE

Wenn wir von Zufüttern, Ganzjahresfütterung usw. reden, denken wir in der Regel an ein Futterhaus mit recht beschränktem Einfluss auf die mehr nähere Umgebung. Dass Zufüttern auch in ganz großem Maßstab praktiziert werden kann – und zudem sehr erfolgreich –, sollen zwei Beispiele verdeutlichen.

FELDSPERLINGPROJEKT

1999 begann die Wiltshire Ornithological Society in England unter Leitung von Matt Prior ein geradezu gigantisches Feldsperlingprojekt zur Bestandserholung dieser stark vom Rückgang betroffenen Art. In einem Gebiet von 700 Quadratkilometern wurden über 1100 Nistkästen platziert und zwölf große Futterstellen

mit ganzjähriger Fütterung eingerichtet. Der Erfolg spricht für sich: Die Population ist von wenigen verbliebenen Brutpaaren ausgehend nahezu linear auf inzwischen fast 250 angewachsen, die 2017 fast 2000 ausgeflogene Jungvögel produzierten – und die Population wächst weiter an (Prior 2018 Lifecycle).
Mit der Kombination von Nisthilfen und Futterstellen kann man also landesweit den Wiederaufbau verloren gegangener Vogelpopulationen erreichen (wie wir das in kleinerem Maßstab bei Feld- und Haussperlingen praktizieren, Seite 53 ff.). Mit entsprechenden Großprojekten ließen sich sicher Populationen vieler dahinschwindender Arten wieder aufbauen, so etwa Stare, Lerchen, Ammern u. a., wie bei uns ein Paradebeispiel im „Land des Friedens" bei Würzburg zeigt, betrieben von der Gabriele-Stiftung[33].

DAS GRÖSSTE FUTTERHÄUSCHEN DER WELT

Unter dieser Überschrift berichtet das „Magazin für Vogelbeobachtung" (Vögel 2018) über ein gigantisches Zufütterungsprojekt in China. Im Frühjahr rasten dort im Yalu-Jiang-Naturreservat nahe der Grenze zu Nordkorea rund 250 000 Watvögel auf dem Weg v. a. von Australien und Neuseeland in nordische Brutgebiete. Als dort 2018 der kälteste Winter in der Region seit 70 Jahren die Wirbellosenfauna des Feuchtgebiets nahezu vollständig vernichtet hatte, drohte den rastenden Knutts, Pfuhlschnepfen u. a. eine katastrophale Hungersnot. Um der zu begegnen, organisierten Wissenschaftler und Vogelschützer der Fudan Universität die bisher „weltgrößte Vogelfütterung": mit Muscheln aus Aquazuchten, die in verschiedenen Regionen Chinas aufgekauft, im Reservat ausgebracht und von den Rastvögeln verzehrt wurden. Im Hinblick auf zunehmende Wetterkapriolen im Zuge der gegenwärtigen Klimaerwärmung werden sich Vogelschützer wohl künftig öfter auf derartige Hilfsmaßnahmen einstellen müssen.

EINE AUFSCHLUSSREICHE SPEZIALSTUDIE

In „Falke" 2018 erschien eine Arbeit mit dem Titel: „Datenerhebung aus persönlicher Neugier: Elektronische Beobachtungen am Futterkasten", die es in sich hat. Die Einleitung dazu lautet: „In die Beurteilung der Ganzjahresfütterung einheimischer Vogelarten ist in den letzten Jahren Bewegung gekommen. Die Ganzjahresfütterung wird nicht mehr grundsätzlich abgelehnt. Somit stellt sich für jeden Vogelfreund/jede Vogelfreundin die Frage, ob es sinnvoll ist über die Winterfütterung hinaus auch zur Ganzjahresfütterung überzugehen. In dem Spannungsfeld von Pro und Kontra entschied ich vor vier Jahren, mir selbst ein Bild zu machen. Ich stattete meinen Futterkasten mit Lichtschranken, Temperatursensor, Mikroprozessor und einer Kamera aus und fütterte ganzjährig. Mit dieser Ausstattung können die Aktivität der Vögel, die Umgebungstemperatur und die Anzahl und Art der Vögel am Futterkasten nahezu lückenlos erfasst werden. So ist es gelungen, meine Entscheidung für bzw. gegen eine Ganzjahresfütterung mit Fakten zu untermauern."
Der Autor, Klaus Stampfer, Diplom-Informatiker und Mitglied der LBV-KG in Augsburg, stellt zunächst fest: „Die meisten Vögel nutzen die Fütterungen in allen Jahren im Juli" und „auch der Futterverbrauch war im Juli am höchsten" (ganz ähnlich den Verhältnissen in Norddeutschland und bei uns, Seiten 93 und

98). Nistkastenbeobachtungen während der Aufzucht zeigen: „Sowohl für die Kohlmeisen als auch für die Stare kann die Sorge, dass die Vögel die Nestlinge ‚falsch' mit dem Futter aus dem Futterkasten statt mit Insekten ernähren … nicht verifiziert werden. Die Aufnahmen … bestätigen …, dass die adulten Vögel die Nestlinge nicht mit dem bequem erreichbaren Meisenknödel oder Streufutter, sondern mit Insekten etc. füttern." Sein Fazit: „Mit meinen Beobachtungen konnte ich meine Bedenken, dass Jungvögel bei einer Ganzjahresfütterung falsch ernährt werden, zumindest für die Meisen und Stare zerstreuen. Die Vögel suchen sich das Futter, das sie benötigen. Mit dem Futterangebot kann man die Vögel nicht dazu ermutigen, unpassendes Futter zu sich zu nehmen." Bleibt an Negativem: „Nachteilig beim Ganzjahresfüttern ist … der erhöhte finanzielle Aufwand" – aber den werden viele Vogelfreunde gern in Kauf nehmen, wenn sie damit ihren Lieblingen nun zweifelsfrei das ganze Jahr über wirklich helfen können.

ALTE UND NEUE KRANKHEITEN

Das europaweite Grünlingsterben, das 2009 auch Deutschland erreicht hatte (Seite 115 ff.), ist weiter deutlich im Abklingen. Es hat unterschiedliche Spuren hinterlassen: Die britische Brutvogelpopulation wurde um 66 % reduziert, die holländische so gut wie gar nicht (Rijks 2019 Frontiers Vet Sci), die deutsche merklich, ohne dass genaue Zahlen vorliegen. Lokales Auftreten der durch Geißeltierchen hervorgerufenen Trichomoniasis wurde bei uns bis 2020 berichtet und ist in geringem Ausmaß auch weiterhin zu erwarten.

Anders sieht es bei dem durch das Usutu-Virus verursachte Amselsterben aus, das 2010 Deutschland erreichte (Seite 117). Dieses Virus kann (fast) jede Vogelart infizieren, führte bislang bei 30 Vogelarten zu tödlichem Verlauf der Infektion und bedingt aus noch unbekannten Gründen besonders bei Amseln hohe und ganze Populationen dezimierende Mortalität (Lühken 2017 Emerging Infect Diseases). Es kann im Gegensatz zur Trichomoniasis auch auf Menschen übertragen werden, wobei bislang Befall nur in Blutproben nachgewiesen wurde und vollkommen asymptomatisch verlief (Lühken 2020 Vogelwarte) oder in seltenen Fällen neurologische Erkrankungen hervorrief (Roesch 2019 Viruses Basel). Der Hitzesommer 2018 führte zur bislang größten Epidemie, die zu einem Amselmassensterben v. a. in den nördlichen Bundesländern (von Hamburg bis Mecklenburg-Vorpommern) führte. Ein weiterer Schwerpunkt lag in Nordbayern, aber auch aus den schon früher von Ausbrüchen betroffenen Gebieten gingen Meldungen ein (Bosch 2017 Vögel). Da das von Steckmücken übertragene, aus Südafrika stammende und nach einem dortigen Fluss benannte Virus sehr von hohen Temperaturen profitiert, ist im Zuge der Klimaerwärmung sowohl mit weiteren Epidemien als auch mit neuen, anders wirkenden Mutanten zu rechnen (Weidinger 2018 Transbound Emerging Diseases).

2018 wurde erstmals das bei uns seit Langem erwartete, ebenfalls aus Afrika stammende und dem Usutu-Virus verwandte West-Nil-Virus in verendeten Vögeln nachgewiesen. 1937 zuerst in Uganda festgestellt, hat es sich seitdem rasch über alle Erdteile ausgebreitet, wobei es Vögel, Säugetiere und auch Menschen befällt – 2018 gab es in Europa bereits 1500 gemeldete Fälle, allerdings zumeist mit symptomlosem Verlauf

Fast nur im Foto erkennt man die faszinierende Eleganz einer (meist immer schnell dahin-)fliegenden Blaumeise.

(Prinzinger 2018 naturgucker). Das vom Virus hervorgerufene West-Nil-Fieber hat sich seit 1999 über nahezu die gesamten USA ausgebreitet, dort viele Vogelarten dezimiert, wird sich klimabedingt auch bei uns verstärken und ist inzwischen eine in Deutschland meldepflichtige Tierseuche. Sein Zirkulationsschwerpunkt ist derzeit Zentral-Ostdeutschland, und im Hinblick auf den Befall von Vögeln wird eine leichte Häufung bei Greifvögeln und Eulen beobachtet (Lühken 2020 Vogelwarte).

Das Frühjahr 2020 bescherte uns leider eine weitere Epidemie – ein ausgeprägtes Meisensterben, dem vor allem Blaumeisen zum Opfer fielen, aber auch andere Meisenarten und Körnerfresser. Ursache der Seuche ist ein Bakterium *(Suttonella ornithocola)*, das eine Lungenentzündung hervorruft. In England führt es seit 1996 immer wieder zu Infektionen, wobei bisher über Übertragungswege und sein Überdauern im Freien wenig bekannt ist, ebenso, wieso besonders Blaumeisen betroffen sind (Bosch 2020 Vögel). Tröstlich: Für Menschen und Säugetiere stellt es offenbar keine Gefahr dar. Weniger erfreulich ist, dass der Seuche bis 2020 zumindest Zigtausende Blaumeisen erlegen sind und sie uns wohl noch länger beschäftigen wird.

Fazit: Epidemiologen sagen einhellig voraus, dass wir in Zukunft zunehmend mit mehr Infektionskrankheiten werden rechnen müssen – bei Tieren und Pflanzen wie Menschen – bedingt durch drei Hauptkomponenten:

- die Klimaerwärmung, die auch tropischen und subtropischen Erregern zunehmend Nährboden in unseren Breiten bereitet,
- durch die Globalisierung, die rasche weltweite Ausbreitung von Epidemien bewirkt, und
- die Massentierhaltung sowie die Anlage von riesigen Monokulturen, die die Entwicklung von Mutanten beschleunigt, die zum Teil auch Gegenmaßnahmen rasch zu umgehen vermögen.

KRANKE ODER GAR TOTE VÖGEL AN FUTTERSTELLE?

Zu den Ausführungen auf den Seiten 116 ff. gibt es eine Ergänzung: Da die Ursachen für Erkrankungen und Ausfälle zunehmen werden, wird es sinnvoll sein, vermehrt Opfer genau untersuchen zu lassen, um den tatsächlichen Ursachen auf die Spur zu kommen. Dafür sollte man kranke oder tote Vögel über zuständige Veterinärämter in geeignete Laboratorien überführen lassen.

Und nochmals zur wichtigsten aller Fragen: Wie mit Futterstellen verfahren, wenn kranke oder gar tote Vögel anfallen? Und ebenfalls nochmals – mit allem Nachdruck: Wenn nicht viele Individuen betroffen sind, wie etwa bei einer Salmonellose, sondern nur einzelne oder wenige, gilt weiterhin: Hygiene walten lassen, ohne übertriebene Reinigungsmaßnahmen

oder gar – oft schädliche – Desinfektion, *und unbedingt weiterfüttern*!
Die immer wieder von verschiedenen „Fronten" posaunten Rufe nach sofortiger Schließung möglichst vom ersten toten Vogel an sind geradezu hirnrissig. Und das bleiben sie auch, selbst wenn sie mit Schlagworten wie „Social Distancing" zur Kontaktvermeidung geschmückt werden. Das geforderte sofortige Dichtmachen von Futterstellen würde auf uns übertragen bedeuten, dass wir im Falle einer Epidemie – etwa einer Grippewelle – sofort alle Tafeln schließen würden, wo sich die oft mangelernährten Obdachlosen am ehesten infizieren, ebenso alle Lebensmittelgeschäfte, wo sich die meisten von uns tummeln und natürlich auch alle Arzt-Praxen, in denen sich geradezu Hochburgen von Super-Spreadern bilden. Und warum tun wir das alles nicht? Weil wir den vielen Nichtinfizierten und den mehr oder weniger vielen Infizierten natürlich ihre wichtigste Lebensgrundlage erhalten wollen: Versorgung mit Nahrung und Gesundheitsfürsorge. Und deshalb sollten auch Futterstellen keinesfalls geschlossen werden, denn sonst würden die überwiegend gesunden Vögel schlagartig ihre Futterquelle verlieren, dadurch in Not geraten, u. U. wegen Schwächung sogar auch erkranken und verenden, ebenso wie viele Nestlinge, die nun von ihren Eltern beim besten Willen nicht mehr versorgt werden könnten. Bei Einstellung der Fütterung hätten gerade auch nicht todkranke, sondern nur mäßig erkrankte Vögel keine Chance, bei gesichert guter Ernährungsgrundlage wieder zu genesen.
Also: Auch wenn im Falle von Epidemien immer wieder kranke Vögel auftreten oder auch mehrfach tote anfallen – *unbedingt weiterfüttern*, damit alle gesunden bei guter Kondition und mit starkem Immunsystem auch gesund bleiben und kränkelnde Individuen sich mit ausreichender Ernährung wieder erholen können. Hinzu kommt, dass in vielen Fällen Futterstellen gar nicht wesentliche Übertragungsorte von Infektionen sein müssen, da sie von vielen Individuen nur kurz angeflogen werden.
Noch eine letzte Anmerkung: Aufrufe zur sofortigen Schließung von Futterstellen im Falle von erkrankten oder toten Vögeln am Futterplatz kommen interessanterweise häufig aus Kreisen, die das Zufüttern wild lebender Vögel mehr oder weniger ablehnen. Und da scheinen manche geradezu erpicht darauf zu sein, gleich vom ersten toten Vogel an den Hebel zur sofortigen Schließung von ohnehin ungeliebten Futterstellen anzusetzen – und auf deren Art von „Fürsorge" sollten wir nicht reinfallen.

ZWEI SCHNAPPSCHÜSSE VOM FUTTERHAUS

Im Frühjahr, wenn die Stare zurückkehren und über Futterstellen herfallen, vor allem bei Nachwintereinbrüchen und schlechtem Wetter während der Aufzucht, rufen bei uns regelmäßig besorgte Vogelfreunde an und wollen wissen, ob und wie man die recht umtriebigen Gesellen eventuell vertreiben kann, damit andere Vögel in Ruhe zu ihrem Futter kommen. Das ist absolut nicht nötig, wenn die Futterstelle ein möglichst geräumiges Futterhaus besitzt und dazu Silos mit Knödeln u. a. und vor allem auch eine Bodenfütterung mit Streufutter. Dann verteilen sich die Futterstellenbesucher und kommen allesamt an ihre Nahrung.

SCHNAPPSCHUSS 1

Am 30. Juni 2019 war bei uns am Schafstall wieder so ein Tag, bei dem es teilweise wie bei

einer „Starenschlacht“ zuging, und da habe ich von 10.30 bis 11 Uhr einmal genau protokolliert, was dort vor sich ging.
Anwesend waren damals gleichzeitig bis zu 30 Stare – Alt- und Jungvögel –, die sich vor allem an den Spiralen mit Meisenknödeln bis zu dritt nebeneinander und übereinander anhängten. Dabei stritten sie zum Teil heftig und vertrieben sich auch gegenseitig, duldeten aber durchaus an demselben Feeder neben sich Feldsperlinge und Kohlmeisen, ebenso im Futterhaus eine ganze Reihe von anderen Arten. In der halben Stunde heftigen Starengetümmels versorgten sich zudem folgende Vögel erfolgreich mit Futter, ohne von den Staren behelligt zu werden: je eine Elster und ein Eichelhäher, ein bis zwei Blaumeisen, Haussperlinge und Rotkehlchen, ein Pärchen Buntspechte, mehrere Kohlmeisen und Goldammern, drei Amseln, vier Dohlen und mindestens fünf Feldsperlinge. Man sieht also: Wenn das Futter auf nicht zu engem Raum angeboten wird, können neben rund 30 Staren auch problemlos mindestens ebenso viele Individuen von mehr als zehn anderen Arten Nahrung aufnehmen.

SCHNAPPSCHUSS 2

In manchen Jahren machen sich bei uns im Winter Invasionsvögel auffallend bemerkbar, etwa bei massenhaftem Einfall von Bergfinken, Seidenschwänzen oder Tannenhähern. Insgesamt sind diese Einflüge rückläufig, einmal bedingt durch die gegenwärtige Klimaerwärmung, die es Invasionsvögeln zunehmend ermöglicht, auch in ihren nordischen oder östlichen Brutgebieten oder in deren Nähe erfolgreich zu überwintern[30], und außerdem bewirken auch bei ihnen Bestandsrückgänge schwächere Evasionen. An unseren Futterstellen fallen in Invasionsjahren insbesondere

Am Futterplatz meist eine Rarität: der Mittelspecht – und nur vom Kenner vom jungen Buntspecht zu unterscheiden

Meisen oft (noch) zahlenmäßig beträchtlich ins Gewicht (siehe Abbildung Seite 93). 2017 tauchten im Spätherbst in Süddeutschland auffallend viele Blaumeisen auf, die man im November vielerorts in kleineren Gruppen fliegen oder in ungewöhnlichen Biotopen – etwa kleinen Strauchgruppen in der Feldflur – rasten und nach Nahrung suchen sah. Auffallend viele Blaumeisen beobachteten wir auch im Dorf Stahringen bei Radolfzell, wo wir seit vielen Jahren eine Großfutterstelle unterhalten. Um die herum stellten wir (mein früherer Institutsmitarbeiter Karl-Heinz Siebenrock und ich) am 15. November frühmorgens Vogelfangnetze so auf, dass wir die anfliegenden Vögel vom Hell- bis zum Dunkelwerden fangen und beringen konnten. Das Ergebnis war auch für uns verblüffend: Bis zum Abend hatten wir 157 Blaumeisen beringt und zudem 60 Individuen weiterer Arten registriert.
Aus Erfahrung wissen wir, dass wir von den anfliegenden Blaumeisen längst nicht alle erwischen – ihre tatsächliche Anzahl dürfte an diesem Tag in der Größenordnung von rund 250 gelegen haben. Daraus geht hervor, dass man in derartigen Invasionsjahren zeitweilig mit enor-

mem Futterverbrauch rechnen muss, der ganz spontan auftreten und auch wie spukhaft schnell wieder verschwinden kann.
Das oben beschriebene gegenwärtige Abklingen von Invasionen kann auch ein Grund dafür sein, dass heutzutage an manchen Futterstellen, an denen im Winter nur wenige Brutvögel aus der Umgebung erscheinen, Futtergäste mehr und mehr ausbleiben (Seite 103 ff.).

KURZMITTEILUNGEN

FUTTERPFLANZEN

Mayer setzt seine Serie über „Futterpflanzen für unsere Gefiederten" (Seite 124) fort (2017 Gefiederte Welt), und außer dem eingangs genannten Fachbuch über „Vogelfutterpflanzen aus Natur und Garten" (Oftring & Wolf 2019 Arndt Kiel) ist ein weiteres Werk erschienen unter dem Titel „Vogelfutterpflanzen. Das Lebenswerk" (Schnabl 2017 Reinheimer Darmstadt). Und sehr empfehlenswert ist auch die Arbeit „Vogelschutz durch nährende Wildkrautansaaten" (Bocksch 2018 Neue Landsch).

FUTTERMITTEL

Für an Bio-Vogelfutter Interessierte: Unter dem Markenzeichen „defu – dem Leben verpflichtet" bietet die Felderzeugnisse GmbH in Alsbach eine ganze Palette verschiedener Futtermittel für Vogelfütterer an.
Neue Untersuchungen mit Leinsamen-Öl zeigen, dass es bei Vögeln die Fortpflanzung günstig beeinflussen kann (im Hinblick auf Hormonbildung, Samenqualität u. a., Shang 2019 Theriogenol). Deshalb sollte Leinsamen grundsätzlich Streufuttermischungen in kleinen Mengen beigegeben werden.
Über die Förderung von Regenwürmern im Rasenbereich von Hausgärten berichten Holländer (Onrust 2017 Ardea). Interessante Neuigkeiten gibt es auch über Mehlwürmer, also die Larven der Mehlkäfer. Sie werden jetzt in vielen Ländern in großem Stil gezüchtet, v. a. für die menschliche Ernährung – so etwa auch in Frankreich. Dabei wird Fett abgetrennt, das nun auch bei uns anstelle von Rindertalg zur Herstellung von Meisenknödeln und Fett-Streufutter Verwendung findet. Bei manchen Vogelhaltern waren und sind Mehlwürmer verpönt, weil ihnen – fälschlicherweise – Verfettung von Vögeln angelastet wird. Im Hinblick auf diese Ansicht ist hochinteressant und wichtig, dass eine neue Studie zeigt: Mehlwurm-Extrakt hat – bei Mäusen – ganz im Gegenteil eine therapeutische Wirkung gegen Fettleibigkeit (Goo 2017 Internat J Molec Sci).

FÜTTERN VON WASSERVÖGELN

Warum man Wasservögel bei uns nicht füttern sollte und wieso es – zu Recht – vielerorts sogar strafbar ist, wird auf Seite 110 ff. behandelt. Dazu gibt es jetzt eine fundierte neue Studie: „Auswirkungen der Fütterung von Wasservögeln ..." (Weirich 2020 Vogelwarte) mit dem Fazit: Diese Art von Zufüttern ist „überflüssig" und vielfach schädlich.

RECHTSPRECHUNG

Ein neues Urteil (AG Bonn, Az.: 204 C 204/17, Urteil vom 26.4.2018) zeigt, dass einer Mieterin zurecht fristlos gekündigt worden war, nachdem sie trotz Abmahnung (rund 80) Stadttauben weiterhin auf dem Balkon fütterte.

NEUE BÜCHER

Hier ist v. a. zu nennen „The birds at my table" mit dem Untertitel „Why we feed wild birds and why it matters" von Darryl Jones (2018 New South Sydney). Wenn auch schwerpunktmäßig

auf Australien ausgerichtet, behandelt diese großartige Übersicht auf 327 Seiten alle wichtigen Fragen des Zufütterns weltweit und tiefgreifend – eines der besten Bücher zum Thema überhaupt! Wer des Englischen mächtig ist, sollte sich dieses Buch unbedingt besorgen. Es beleuchtet v. a. auch ganz hervorragend all die guten Gründe, die Vögelfüttern aus Naturschutzgründen heutzutage unentbehrlich macht.
Und 2020 erschien noch eine dieses Buch mehr in Bezug auf die Praxis ergänzende Arbeit: „Feeding the birds at your table: A guide for Australia (Derrham Ecol Managem Restor). Bei uns erschienen sind drei neue Bücher, die v. a. für (jugendliche) Neu-Einsteiger in die Fütterer-Gesellschaft geeignet sind: Der „Kleine Naturführer: Vögel rund ums Futterhaus" (Singer 2020 Kosmos), das Fotosachbuch „Wildvögel am Futterplatz (Fischer-Nagel 2020 Eigenverl. Spangenberg) sowie „Das große Erlebnisbuch für die ganze Familie: Vögel im Naturgarten" (Kötter 2020 Cadmos München).

MEISEN UND KNÖDEL

Der Vollständigkeit halber sei eine Studie erwähnt, aus der geschlossen wurde, dass der Verzehr von Meisenknödeln die Schlupfrate von Blau- und Kohlmeisen reduziert (Voigt-Heucke 2017 J Ornithol). Da die Untersuchung an bereits vorgeschädigten kleinen Populationen (mit reduzierter Schlupfrate unbekannter Ursache) durchgeführt wurde, nur eine einzige Untersuchungs- mit einer Kontrollfläche verglichen und den Vögeln zudem Glycin appliziert wurde, sind die vollkommen aus dem Rahmen fallenden Ergebnisse alles andere als schlüssig. Da die beobachteten negativen Effekte so gut wie sicher nichts mit dem Zufüttern zu tun haben, bleibt immerhin eine wichtige positive Auswirkung, wie wir sie aus vielen anderen Studien

Leider in vielen Gegenden fast ausgestorben: der prächtige Gartenrotschwanz, der sich und seiner Brut gern mit Mehlwürmern helfen lässt

kennen: „Waren die Küken jedoch auf dem Gebiet mit der Zufütterung geschlüpft, so waren die Jungvögel deutlich schwerer und hatten längere Tarsi als auf dem Kontrollgebiet." Und damit haben die Nachkommen zugefütterter Eltern natürlich die besseren Überlebens- und auch Fortpflanzungschancen, wie wir das auch aus anderen Studien kennen (Seite 56) und zeigen selbst hier, dass Zufüttern hilfreich ist.

GANZJÄHRIG FÜTTERN – VON ADALBERT STIFTER

Eine im deutschsprachigen Raum wohl einzigartige detaillierte und köstlich zu lesende Beschreibung, wie man Vögel mit An- und Zufüttern in den Garten lockt, dort als Schädlingsbekämpfer einbindet, wie man dabei einzelne Arten gezielt bedienen und belohnen kann und vieles mehr finden wir bei Adalbert Stifter in seinem Roman „Nachsommer" von 1857. Und wir verdanken den überaus wertvollen Hinweis darauf Bernd Enke aus Detmold. Aus „Nachsommer" ein paar wenige Zitate: „Die Vögel sind im Garten unser Mittel gegen Raupen und schädliches Ungeziefer … Will man Vögel in eine Gegend ziehen, so muß man … Zufluchtsorte schaffen, und … aus Holz gemachte Höhlungen … Will man … an einem Orte eine große Zahl von Vögeln zurückhalten … daß sie auch in den ungeziefferreichsten Jahren hinlänglich sind, um Schaden zu verhüten, so muß man ihnen außer ihrer von der Natur gegebenen Nahrung auch künstliche … spenden … Es ist … nicht zu befürchten, daß in der künstlichen Nahrung ein Übermaß eintrete, da den Tieren ohnehin die Insekten am liebsten sind." Und dann wird auf vielen Seiten weiter ausgeführt, wie man die verschiedenen Arten aus einer speziellen Futterkammer winters wie sommers versorgt, wie man ihnen Futter am besten anbietet – wie in einem modernen ökologisch bestens ausgerichteten Ratgeber: ein Lesegenuss!

KEINE ROSIGEN AUSSICHTEN FÜR VÖGEL

Unsere Vogelwelt wird auch weiterhin erheblich schrumpfen infolge vieler sich negativ entwickelnder Einflüsse. Die globale Klimaerwärmung bedingt vielerorts Lebensraumverschlechterung, Nahrungsverknappung usw., die Vögel weltweit schädigen. Unsere Zugvögel bekommen zunehmend Probleme, v. a. in Afrika, aber auch im Mittelmeerraum erfolgreich zu überwintern, und vielen unserer Brutvögel drohen massive Bestandseinbrüche durch Waldsterben, Schrumpfen der Streuobstbestände, Verstädterung unserer ländlichen Siedlungen u. a. m.

Vielen Arten werden wir dabei durch noch so intensive reichhaltige Ganzjahresfütterung nicht helfen können, wie etwa die Entwicklung in unserem seit 50 Jahren mustergültig vogelfreundlich gestalteten Garten (Seite 121 ff.) zeigt. In ihm nisten alljährlich zehn Vogelarten: Amsel, Blaumeise, Buchfink, Feld- und Haussperling, Kohlmeise, Mönchsgrasmücke, Ringeltaube, Rotkehlchen und Star – mit z. T. bis zu drei Brutpaaren. Alle paar Jahre brüten dazuhin weitere 13 Arten: Elster, Goldammer, Grünling, Hausrotschwanz, Kleiber, Raben krähe, Sommergoldhähnchen, Sumpf- und Tannenmeise, Türkentaube, Turmfalke, Zaunkönig und Zilpzalp. Elf Arten, die früher zum Teil regelmäßig im Garten nisteten, sind leider infolge starker Rückgänge als Brutvögel gänzlich verschwunden: Bluthänfling, Gartengrasmücke, Gartenrotschwanz, Gimpel, Grauschnäpper, Heckenbraunelle, Klappergrasmücke, Stieglitz, Grauschnäpper, Wendehals und Wintergoldhähnchen.

Nun sollten wir alles daransetzen, den verbliebenen Arten mit geeigneter Vegetation, Nisthilfen und optimaler Ganzjahresfütterung wie in einer Arche Noah Verbleib, Überleben und erfolgreiches Brüten in so weit wie irgend möglich vogelfreundlichen Gärten zu sichern, wie es schon Adalbert Stifter vorexerzierte. Und das „rechnet" sich auch im Hinblick auf unsere Überlebensversicherung, wenn man bedenkt, dass allein schon drei Kohlmeisen-Paare auf einem ganzen Hektar Obstplantage bis zur Hälfte aller „Schädlings"-Raupen vertilgen können (wie bereits auf Seite 129 aufgeführt).

Also: ganzjährig füttern – und am besten mehr und besser denn je!

SERVICE

LITERATUR

Die **halbfetten** Ordnungszahlen beziehen sich auf die hochgestellten Hinweiszahlen im Text. Bücher sind mit Titel aufgeführt, Zeitschriftenartikel nur unter Angabe von (Erst-)Autor und Zeitschrift, mit denen die Artikel über den üblichen Literaturservice zu beschaffen sind. Neue Literatur konnte berücksichtigt werden bis März 2017.

1 Aitinger 1653 **Vom Vogelstellen** Schadewitz Cassel
2 Alberternst 2006 Nachrichtenbl Dtsch Pflanzenschutzd
3 Alberternst 2008 Natur Landschaft
4 Allmer 2010 Vögel
5 Allmer 2016 Naturgucker
6 Al-Qazzaz 2016 Brazilian J anim Sci
7 Amin 2014 Parasitology
8 Anonymus 2016 BTO Lifecycle
9 Arrondo 2015 Vogelwarte
10 Baicich 2015 **Feeding Wild Birds in America** Texas Univ Press
11 Bairlein 1979 J Ornithol
12 Banbura 2012 Acta Ornithol
13 Bayer Verfassungsgerichtshof 2006 Gefiederte Welt
14 Bearhop 2005 Science
15 Berlepsch 1929 **Der gesamte Vogelschutz** Neumann Neudamm
16 Berthold 1964 Vogelwarte
17 Berthold 1971 Vogelwarte
18 Berthold 1974 Ornis Fennica
19 Berthold 1976 J Ornithol
20 Berthold 1978 J Ornithol
21 Berthold 1986 J Ornithol
22 Berthold 1988 Natur Landsch
23 Berthold 1990 **Die Mönchsgrasmücke** Neue Brehm-Bücherei Wittenberg
24 Berthold 1990 Verh Dtsch Zool Ges
25 Berthold 2001 J Ornithol
26 Berthold 2003 J Ornithol
27 Berthold 2005 Vogelwarte
28 Berthold 2006 Ber Freiburger Forstl Forsch FVA
29 Berthold 2010 Falke
30 Berthold 2012 **Vogelzug** Wiss Buchges Darmstadt
31 Berthold 2013 Heinz Sielmann Stiftung
32 Berthold 2016 **Mein Leben für die Vögel und meine 60 Jahre mit der Vogelwarte Radolfzell** Kosmos Stuttgart
33 Berthold 2017 **Unsere Vögel Warum wir sie brauchen und wie wir sie schützen können** Ullstein Berlin
34 Bezzel 1982 **Vögel in der Kulturlandschaft** Ulmer Stuttgart
35 Bezzel 2001 J Ornithol
36 Biebach 1977 J Ornithol
37 Biebach 1991 Biol Rhythms
38 Böhner 2007 Berliner Ornithol Ber
39 Boileau 2007 Alauda
40 Bosch 2010 Vögel
41 Bosch 2010 Vögel
42 Bosch 2012 Vögel
43 Bosch 2012 Vogelwarte
44 Breithaupt 2011 Vet Pathol
45 Brensing 1977 Vogelwarte
46 Brichetti 2008 Ibis
47 Bröker 2009 top agrar
48 BTO 2005 **Garden Birds Hygiene & Disease** BTO Thetford
49 Bund für Vogelschutz 1914 Merkblatt 25
50 Calladine 2006 Ibis
51 Carcia-Navas 2012 Ardea
52 Carson 1962 **Der stumme Frühling** Biederstein München
53 Chamberlain 2005 Ibis
54 Chamberlain 2009 Ibis
55 Chamberlain 2010 Biol Lett
56 CJ WildBird Foods Handbook 2002-2003 Shrewsbury
57 CJ WildBird Foods Handbook 2005-2006 Shrewsbury
58 Cooper 2015 Ecology
59 Cortes-Avizanda 2010 Biol Conserv
60 Cowie 1988 Bird Study
61 Crates 2016 J Avian Biol
62 Crick 2002 BTO News
63 Danner 2013 Ecology
64 Danner 2015 Functional Ecol
65 De Laet 2007 J Ornithol
66 Dhondt 2010 J Ornithol
67 Dilawar 2006 Hornbill
68 Djerdali 2016 J Ornithol
69 Dreyer 2003 Tier Bild
70 Eds 2006 Brit Birds
71 Egidius 2004 **Vögel im Garten** Ulmer Stuttgart
72 Egidius 2011 **Vögel füttern rund ums Jahr** Ulmer Stuttgart
73 Ehlenbröker 2014 AZ-Vogelinfo
74 Engler 2003 Artenschutzrep
75 Farine 2013 Biol Lett
76 Ferrer 2007 Ardeola
77 Föhr 2005 **Nistkästen und Vogelschutz** Neue Brehm-Bücherei Wittenberg
78 Forsman 2006 J Ornithol
79 Franck 2002 **Vögel im Winter** BUND Berlin
80 Frick 2011 Biotech Agr Soc Environm
81 Frömel 1980 Vogelwarte
82 Fuller 2008 Diversity Distribution
83 Furlanger 2012 Canadian J Zool
84 Garcia-Heras 2013 PLOS ONE
85 Gavrilov 2013 Biol Bull
86 Giordano 2015 Behav Ecol Sociobiol
87 Glue 2002 BTO News
88 Glue 2005 BTO News
89 Glue 2009 BTO News
90 Glue 2011 BTO News
91 Glutz 1997 **Handbuch der Vögel Mitteleuropas** Aula Wiesbaden
92 Glutz 2015 Ornithol Beob
93 Golnik 2011 Eulen-Rundblick
94 Gough 2012 BTO News
95 Graveland 1994 Nature
96 Gross 2010 Gefiederte Welt
97 Grüneberg 2015 **Rote Liste der Brutvögel Deutschlands** Ber Vogelschutz
98 Gugenhan 2011 Eisenbahn Landwirt
99 Haag 2010 **Vögel füttern im Winter** Kosmos Stuttgart
100 Haag-Wackernagel 1993 **Zur Biologie der Straßentaube** Habil. arbeit Verl Mediz Biol Univ Basel
101 Hanmer 2016 Ibis

102 Harrison 2010 Oecologia
103 Havelka 2001 **Vögel im Winter** Staatl Vogelschutzwarte BW Karlsruhe
104 Heldbjerg 2016 Agricult Ecosyst Environm
105 Hennicke 1912 **Handbuch des Vogelschutzes** Creutz Magdeburg
106 Henze 1934 **Vogelschutz** Brockmann München
107 Hernandez 2005 Folia Zool
108 Heynitz 1994 **Das biologische Gartenbuch** Ulmer Stuttgart
109 Hilgartner 2014 PLOS ONE
110 Hoffmann 2009 Falke
111 Hohla 2004 Öko-L
112 Hole 2002 BTO News
113 Hubble 2013 Integrative Comp Biol
114 Hungenberg 2016 AZ-Vogelinfo
115 Illigens 2014 AZ-Vogelinfo
116 Irving 2008 Brit Birds
117 Jacobsen 2016 Ornis Fennica
118 Jedicke 1997 **Die Roten Listen** Ulmer Stuttgart
119 Job 2011 J Avian Biol
120 Kane 2016 Bird Study
121 Kekkonen 2011 Heredity
122 Khalilieh 2012 Am J Physiol Regul Integr Comp Physiol
123 Kömpf 2014 AZ-Vogelinfo
124 Kraft 1988 Verh Ornithol Ges Bayern
125 Kraft 1997 Habilschr Uni Marburg
126 Kubetzki 2012 Falke
127 Kübler 2006 Vogelwarte
128 Kühn 2008 Gefiederte Welt
129 Kummer 2015 Avian Conserv Ecology
130 Kuzmiak 2012 J Experimental Biol
131 Lawson 2014 PLOS ONE
132 Leech 2010 BTO News
133 Liebe 1879 Monschr Dtsch Ver Schutz Vogelwelt
134 Liebe 1894 **Ornithol Schriften** Malende Leipzig
135 Lietzow 2006 Voliere
136 Liker 2008 J Anim Ecol
137 Liknes 2011 J Thermal Biol
138 Lohmann 2005 **Vögel am Futterhaus** BLV München
139 Lohmann 2007 **Das 1 × 1 der Vogelfütterung** BLV München
140 Löhrl 1982 **Vögel am Futterplatz** Kosmos Stuttgart
141 Lopez-Antia 2016 J appl Ecol
142 Lopez-Antia 2016 Vogelwarte
143 Malpass 2016 Condor
144 Margalida 2009 Ibis
145 Markus 2014 **Unsere Welt ohne Insekten?** Kosmos Stuttgart
146 Mata 2010 Comp Biochem Physiol
147 Mayer 2016 Gefiederte Welt
148 McCanch 2006 Brit Birds
149 McFarlan 2009 J Exper Biol
150 Meister 2016 Vogelwarte
151 Miltschke 2003 Artenschutzrep
152 Miltschke 2009 Hamburger avifaun Beitr
153 Møller 2009 Biol J Linn Soc
154 Møller 2012 J Anim Ecol
155 Mols 2005 Ardea
156 Morbach 1935 **Der praktische Vogelschutz** Luxbg Landesver Vogelsch Esch
157 Moss 2001 **Bird Boxes and Feeders** New Holland London
159 MPG 2005 MaxPlanck Forschung
160 Murgui 2010 Bird Study
161 Nager 1997 Anim Ecol
162 Naumann 1849 Rhea
163 Nipkow 2010 Falke
164 Nord 2011 Oecologia
165 Ockendon 2009 Bird Study
166 Oelke 2013 Beitr Naturk Niedersachsens
167 Orros 2012 Basic Appl Ecology
168 Orros 2015 Acta Ornithol
169 Orros 2015 Ibis
170 Peach 2006 J Ornithol
171 Peach 2008 J Anim Conserv
172 Peach 2015 Ibis
173 Pennycott 2010 Vet Rec
174 Perkins 2007 Bird Study
175 Perrig 2014 Ibis
176 Petrin 2000 Efeubeeren und Singvögel Dipl Arb Uni Gießen
177 Petutschnig 2006 Limicola
178 Pfeifer 1973 **Taschenbuch für Vogelschutz** DBV Stuttgart
179 Plummer 2013 Scientific Reports
180 Plummer 2015 Global Change Biol
181 Post 2015 J Ornithol
182 Ramsay 1997 J Anim Ecol
183 Reichholf 2010 Ornithol Mitt
184 Reinhard 2007 Vogelwarte
185 Reynolds 2003 Oecologia
186 Richarz 2001 **Taschenbuch für Vogelschutz** Aula Wiesbaden
187 Robb 2008 Biol Lett
188 Robinson 2002 J Appl Ecol
189 Robinson 2010 PLOS ONE
190 Rocha 2015 Anim Biodiv Conserv
191 Rodewald 2010 ScienceDaily
192 Roth 2008 Ethology
193 Rouffaer 2016 PLOS ONE
194 Ruffino 2014 Frontiers Zool
195 Rushing 2016 Ecology
196 Saggese 2011 Anim Behav
197 Santangeli 2012 Anim Behaviour
198 Schäffer 2006 **Gartenvögel** Aula Wiesbaden
199 Schäffer 2011 Falke
200 Schäffer 2011 Falke
201 Schäffer 2016 Falke
202 Schaper 2013 J Avian Biol
203 Scharon 2014 Berliner Ornithol Ber
204 Schmid 2012 **Vogelfreundliches Bauen mit Glas und Licht** Schweizerische Vogelwarte Sempach
205 Schmidt 2001 **Gefiederte Nachbarn** Rasch & Röhring Steinfurt
206 Schöne 2012 **Am Futterhaus Vögel erleben im Jahresverlauf** Haupt Bern Stuttgart Wien
207 Simm 2013 BTO News
208 Singer 1987 **Vogeltreffpunkt Futterhaus** Kosmos Stuttgart
209 Siriwardena 2004 Ibis
210 Siriwardena 2005 BTO News
211 Siriwardena 2007 J Appl Ecol
212 Smith 2013 Bird Study
213 Spurr 2008 Southern Bird
214 Straub 2012 Ornithol Mitt
215 Thielcke 2007 Naturschutz heute
216 Tilgar 2010 J Ornithol
217 Toms 2005 BTO News
218 Toms 2006 J Ornithol
219 Toms 2010 BTO News
220 Vafidis 2016 PLOS ONE
221 Vincenzi 2015 Proc Royal Soc B-Biol Sci
222 Waible 2016 AZ-Vogelinfo
223 Weissenböck 2003 Microbes Infection
224 Westphal 2016 **Mehr Platz für den Spatz** pala Darmstadt
225 Whitaker 2010 Auk
226 Wilcoxen 2015 Conserv Physiol
227 Wilson 2001 North Am Bird Bander
228 Witt 1994 **Wildpflanzen für jeden Garten** BLV München
229 Witt 1999 **Ein Garten für Vögel** Kosmos Stuttgart
230 Witt 2005 Berliner Ornithol Ber
231 Wojciechowski 2006 J Ornithol
232 Yang 2016 PLOS ONE
233 Zahner 2013 Falke
234 Ziemer 2008 Jahresh LBV Unterallgäu
235 Zimmermann 2007 Ornithol Mitt

QUELLEN FÜR FUTTERMITTEL UND FUTTERSPENDER

Die nachfolgend aufgeführten Anbieter und Hersteller von Futtermitteln für freilebende Vögel sowie von Futterspendern und sonstigen Vogelschutzgeräten sind uns bekannt für hohe Qualitätsstandards. Sie lassen sich zudem von uns mehr oder weniger regelmäßig im Hinblick auf weitere Qualitätssteigerung beraten. Die Adressen sind nach Postleitzahlen geordnet.

DEUTSCHLAND

Christoph & Franz Erdtmann OHG
Fabrikation und Großhandel
Söllerstr. 29-31
21481 Lauenburg/Elbe
Tel.: 04153 58600
www.erdtmann.com

GEVO GmbH
Am Nüttermoorer Sieltief 41
26789 Leer
Tel.: 0491 4545030
www.gevo-gmbh.info

Vitakraft-Werke
Wührmann & Sohn GmbH & Co. KG
Mahndorfer Heerstr. 9
28307 Bremen
Tel.: 0421 48960
www.vitakraft.com

Vivara Naturschutzprodukte
Kaiserswerther Str. 115
40880 Ratingen
Tel.: 01803 848272
www.vivara.de

HOFMAX Bergmann OHG
Geranienstr. 47
42369 Wuppertal
Tel.: 0202 4605525
www.hofmax.de

Fressnapf Tiernahrungs GmbH
Westpreußenstr. 32-38
47809 Krefeld
Tel.: 02151 51911417
www.fressnapf.com

L. Stroetmann Saat GmbH
Harkortstr. 30
48163 Münster
Tel.: 0251 7182425
www.stroetmann.de

Rolli Pet Deutschland GmbH
Nikolaus-Dürkopp-Str. 3
59227 Ahlen
Tel.: 02382 888616
www.rolli-pet.de

frunol delicia GmbH
Hansastr. 74 b
59425 Unna
Tel.: 02303 253600
www.frunol-delicia.de

Claus GmbH
Friedensau 11
67117 Limburgerhof
Tel.: 06236 61036
www.claus-futter.de

Schwegler Vogel- & Naturschutzprodukte GmbH
Heinkelstr. 35
73614 Schorndorf
Tel.: 07181 977450
www.schwegler-natur.de

Rahmer Mühle GmbH & Co. KG
Horkheimer Str. 67–71
74081 Heilbronn
Tel.: 07131 898770
www.rahmer-muehle.de

Welzhofer GmbH –
Heimat für Wildvögel
Augsburger Str. 4
86459 Gessertshausen
Tel.: 08238-9617-0
www.welzhofer.eu

Dehner GmbH & Co. KG
Donauwörther Str. 3-5
86641 Rain
Tel.: 09090 770
www.dehner.de
(Zentrale, Märkte in ganz D)

Donath Wintervogelfutter
Inh. Andreas Donath e.K.
Bahnhofstr. 23
88250 Weingarten
Tel.: 0751 43060
www.wintervogelfutter.de

ÖSTERREICH

AGROS Trading GmbH
Mühlbachstr. 151
A-4063 Hörsching
Tel.: +43 (0)7221 73452
www.agros-trading.com

Rolli-Pet Tiernahrung GmbH
Angersberg 18
A-4483 Hargelsberg
Tel.: +43 (0)7225 6116
www.rolli-pet.at

NIEDERLANDE

Vivara Natuurbeschermingsproducten
Overloonseweg 11 c
NL-5821 EE Vierlingsbeek
Tel.: +31 (0)478 517960
www.vivara.nl

GROSSBRITANNIEN

Ernest Charles
Freepost
GB-Crediton/Devon EX17 2YZ
Tel.: +44 (0)800 7316770
www.ernest-charles.com

CJ WildBirds Foods Ltd
The Rea
Upton Magna
GB-Shrewsbury SY4 4UR
Tel.: +44 (0)800 7312820
www.birdfood.co.uk

Gardman Ltd
High Street
GB-Moulton/Lincs PE12 6QD
Tel.: +44 (0)1406 372227
www.gardman.co.uk

Hochwertiges Vogelfutter ist zudem in vielen Zoofachgeschäften erhältlich, z. T. auch in Einkaufszentren. Bei manchen sehr billigen Futtermitteln ist Vorsicht geboten: Sie enthalten häufig hohe Getreide-Anteile, die kaum gefressen werden, oder auch Bestandteile fragwürdiger Herkunft.

REGISTER

DANKSAGUNG

Wir danken den Mitarbeitern des Kosmos-Verlags, insbesondere Frau Dipl.-Biol. Stefanie Tommes, für hervorragend gute Zusammenarbeit, die das Buch seit der 1. Auflage zunehmend reifen lässt. Großer Dank gilt der Max-Planck-Gesellschaft, die die Arbeit von Peter Berthold noch immer fortlaufend mit einem Emeritus-Arbeitsplatz in der „Vogelwarte Radolfzell" (jetzt Teil des MPI für Verhaltensbiologie, unter Leitung von Prof. Dr. Martin Wikelski) unterstützt. Die MPG ermöglicht dabei auch mit ihrem effizienten Literaturdienst, dass wir alle einschlägigen wissenschaftlichen Arbeiten über das Vogelfüttern, die irgendwo in der Welt publiziert werden, innerhalb von etwa zwei Wochen zur Ansicht vorliegen haben.

IMPRESSUM

Mit 208 Farbfotos: Alle Farbfotos von **Frank Hecker**, mit Ausnahme von: **Beate Alberternst & Stefan Nawrath** (S. 126), **Andreas Allgaier** (S. 156 u), **Peter Berthold** (S. 39, 70, 72, 73, 77 re, 80, 84, 99, 120, 121 beide, 124 u, 167, Autorenfoto), **Blickwinkel/Huetter** (S. 115), **CJ WildBird Foods Ltd**, Großbritannien (S. 74 li, 79 u), **Andreas Dahms** (S. 119 o), **Manfred Danegger** (S. 54 o, 135 o, 136 uli, 142 Mi, 145 u, 146 re, 151 re), **Ursula Doll** (S. 75 o), **Andreas Donath** (S. 23 o), **Fotonatur.de/Frank Derer** (S. 154 re), **Fotonatur.de/Holger Duty** (S. 43), **Fotonatur.de/Sönke Morsch** (S. 6/7, 14 li, 59, 147 ore), **Daniel Haag-Wackernagel** (S. 25 re, 107 re), **Gerald Jarausch** (S. 123 o), **Werner Layer** (S. 137 o), **Alfred Limbrunner** (S. 14/15, 21, 67 re, 75 u, 89, 91 li, 101, 104 u, 134, 137 u, 138 Mi, 138 u, 138 o, 140 Mi, 140 u, 141 oli, 141 ore, 142 li, 142 re, 143 u, 145 o, 146 li, 147 oli, 148, 150 u, 151 oli, 152 o, 153 beide, 158 u, 159, 161 o, 162 beide, 165, 166 beide, 169 u), **Mestel/Hecker** (S. 164), **Bärbel Oftring** (S. 11, 31, 107 li, 124 o, Autorenfoto), **Sauer/Hecker** (S. 163 o), **Mathias Schäf** (S. 170 beide, 175, 176, 177), **Rudolf Schmidt** (S. 15 re, 17 li, 47 re, 54 re, 64, 67 li, 108), **Norbert Schnorrenberg** (S. 44), **Richard Schöne** (S. 40 re, 102), **Fredrik Widemo** (S. 25 li), **René Wüst** (S. 131), **Peter Zeininger** (S. 47 li, 105 o, 135 u, 136 oli, 136 ore, 136 ure, 138 o, 140 o, 143 o, 145 Mi, 147 u, 149 li, 150 o, 151 uli, 152 u, 154 li, 155 u, 156 o, 158 o, 160).

Alle Illustrationen und Grafiken von **Wolfgang Lang**, Grafenau, außer Schwarz-Weiß-Grafiken auf S. 38 von **Herbert Biebach**, MPI für Ornithologie, Andechs.

Umschlaggestaltung von **GRAMISCI Editorialdesign**, München, unter Verwendung von zwei Aufnahmen. Die Vorderseite zeigt ein Rotkehlchen von **GAP Photos/ Tim Gainey**, auf der Rückseite ist eine Blaumeise zu sehen, aufgenommen von **Frank Hecker**.

5. Auflage (aktualisierte und ergänzte Auflage)

ISBN: 978-3-440-17261-2
Satz: Katrin Kleinschrot
Projektleitung: Stefanie Tommes
Lektorat: Bärbel Oftring
Produktion: Markus Schärtlein
Druck und Bindung: Westermann Druck, Zwickau
Printed in Germany / Imprimé en Allemagne